姚志刚 刘俊华 吴涛 等 著

黄河三角洲
土壤污染与生物修复

中国农业科学技术出版社

图书在版编目(CIP)数据

黄河三角洲土壤污染与生物修复 / 姚志刚等著 . --北京：中国农业科学技术出版社，2022.9

ISBN 978-7-5116-5913-2

Ⅰ.①黄…　Ⅱ.①姚…　Ⅲ.①黄河-三角洲-污染土壤-生态恢复-研究　Ⅳ.①X530.5

中国版本图书馆 CIP 数据核字(2022)第 168072 号

责任编辑　申　艳
责任校对　李向荣
责任印制　姜义伟　王思文

出 版 者　中国农业科学技术出版社
北京市中关村南大街 12 号　　邮编：100081
电　　话　(010) 82106636 (编辑室)　　(010) 82109702 (发行部)
(010) 82109709 (读者服务部)
网　　址　https://castp.caas.cn
经 销 者　各地新华书店
印 刷 者　北京建宏印刷有限公司
开　　本　148 mm×210 mm　1/32
印　　张　6
字　　数　173 千字
版　　次　2022 年 9 月第 1 版　2022 年 9 月第 1 次印刷
定　　价　48.00 元

《黄河三角洲土壤污染与生物修复》

著者名单

姚志刚	刘俊华	吴　涛
王　君	石东里	张韩杰
赵丽萍	范延辉	谢文军

前　言

黄河三角洲位于渤海南部的黄河入海口沿岸地区，是胶东半岛和京津唐两大经济发达地区的连接带，亦是环渤海经济开发区和沿黄经济带的交会点，在全国区域经济布局和发展中具有重要的战略地位。黄河三角洲开发一直受到山东省、国家乃至国际组织的高度重视，山东省把黄河三角洲开发作为全省两大跨世纪工程之一，国家也将黄河三角洲列入高效生态经济区建设规划，联合国开发计划署把支持“黄河三角洲可持续发展”作为21世纪议程的第一个优先项目。近年来，以石油化工、盐化工、纺织、电子、冶金、机械、食品、造纸、农业等产业为主，该地区经济得以快速发展，但环境污染问题也日益严重。土壤是生态环境的重要组成部分，是人类赖以生存的主要资源之一。在各类环境要素中，土壤是污染物的最终受体，大量水、气污染将陆续转化为土壤污染。受污染的土壤不仅影响作物产量和品质，其有害物质也可以进入食物链威胁人体健康，直接影响区域生态经济发展和社会稳定。自20世纪90年代以来，以土地利用、盐碱地改良等为重点，国家和地方各级科研机构对该地区的生态状况进行了大量研究。但是，针对土壤污染状况以及土壤污染修复技术的研究报道很少，土壤环境状况存在家底不清状况。因此，调查黄河三角洲土壤质量状况，弄清土壤污染程度和环境风险大小，研发经济有效的修复技术，对于加快土壤污染治理、促进高效生态经济可持续发展、保障人民身体健康具有重要意义。

基于以上背景，著者开展了“黄河三角洲污染土壤的生态修复关键技术研究与示范”研究，并由山东省环境保护主管部门组织专家进行了项目验收和成果鉴定。此后，著者系统整理了项目的研究成果，并查阅了大量文献资料，形成了书稿。

本书介绍了黄河三角洲土壤石油、重金属、农药污染现状和土壤石油、重金属、农药污染的直接来源与间接来源，阐明了农田、草场、荒地、油井等不同土地利用方式下石油污染特征以及果园、菜地、棉地、麦地、草场、荒地土壤重金属铜、锌、镉、铅的含量统计分布特征，客观评价了不同土地利用方式下石油、重金属和农药的污染等级，同时重点介绍了黄河三角洲土壤生态系统石油、重金属、农药污染的生物修复技术，以及在黄河三角洲土壤污染较为典型地区所开展的现场试验，为土壤污染修复技术的研究提供了理论指导。

本书是对黄河三角洲土壤中典型污染物开展研究的系统阐述，尤其对所筛选和培育的具有高效修复作用的植物、微生物和研发的具有自主知识产权的污染土壤修复成套技术进行了重点说明。这些研究成果不仅有利于当地经济、社会和自然的和谐发展，对于相似地区的土壤污染修复治理也将发挥积极的借鉴意义。

由于水平有限，书中难免存在不足或疏漏之处，敬请广大读者批评指正。

著　者

2022 年 5 月 30 日

目　录

第一章　黄河三角洲概况 ……………………………………1

一、地形地貌 ……………………………………2

二、气象水文 ……………………………………3

三、生物资源 ……………………………………4

四、土壤概况 ……………………………………5

第二章　黄河三角洲土壤重金属污染现状与评价 ……………………7

第一节　黄河三角洲土壤重金属污染源分析 ……………………8

一、大气沉降 ……………………………………8

二、污水灌溉 ……………………………………9

三、工农业生产 ……………………………………12

第二节　黄河三角洲土壤重金属铜污染现状与评价 ……………………14

一、土壤重金属铜污染研究方法 ……………………15

二、土壤重金属铜污染现状与评价 ……………………16

第三节　黄河三角洲土壤重金属镉污染现状与评价 ……………………23

一、土壤重金属镉污染研究方法 ……………………23

二、土壤重金属镉污染现状与评价 ……………………24

第四节　黄河三角洲土壤重金属铅污染现状与评价 ……………………30

一、土壤重金属铅污染研究方法 ……………………30

二、土壤重金属铅污染现状与评价 ……………………31

第五节　黄河三角洲土壤重金属锌污染现状与评价 ……………………36

一、土壤重金属锌污染研究方法 ……………………37

二、土壤重金属锌污染现状与评价 ……38
第六节 黄河三角洲土壤重金属污染的综合评价 ……43
第三章 黄河三角洲土壤石油污染现状与评价 ……45
第一节 黄河三角洲土壤石油污染源分析 ……45
一、土壤石油污染的直接来源 ……46
二、土壤石油污染的间接来源 ……49
第二节 黄河三角洲土壤石油污染现状与评价 ……55
一、研究方法 ……55
二、黄河三角洲土壤总石油烃（TPH）含量状况 ……56
三、土壤总石油烃（TPH）含量分布特征 ……57
四、油井周围土壤中的总石油烃含量 ……61
五、石油烃类物质污染评价 ……63
第四章 黄河三角洲土壤农药污染现状与评价 ……66
第一节 黄河三角洲土壤农药污染源分析 ……67
第二节 黄河三角洲土壤农药污染现状与评价 ……69
一、调查方法 ……69
二、调查结果 ……70
第五章 黄河三角洲重金属污染土壤植物修复研究 ……75
第一节 土壤重金属污染修复技术概况 ……75
一、物理修复技术 ……76
二、化学修复技术 ……76
三、生物修复技术 ……77
第二节 黄河三角洲重金属污染土壤的植物修复技术研究 ……81
一、材料与方法 ……81
二、重金属复合污染对植物生长的影响 ……83
三、4种植物对重金属的积累特性 ……84

第六章　黄河三角洲土壤石油污染的微生物修复研究 ……………88
第一节　黄河三角洲石油污染土壤微生物筛选 ……………88
一、细菌的分离筛选 ……………88
二、真菌和放线菌 ……………92
第二节　黄河三角洲石油污染土壤解烃菌的分离和鉴定 ……………94
一、解烃菌的分离 ……………94
二、解烃菌的菌种鉴定 ……………96
第三节　黄河三角洲土壤微生物对石油的降解性质研究 ……………100
一、JH 菌株对烃类物质的降解特性及解烃试验 ……………100
二、XB 菌株对多环芳烃的降解特性及解烃试验 ……………103
第四节　黄河三角洲土壤微生物对石油污染土壤的修复作用 ……………105
一、JH 菌株对石油污染土壤的修复作用 ……………105
二、XB 菌株对多环芳烃（PAHs）污染土壤的修复作用 ……………107
第七章　黄河三角洲土壤污染生态修复示范研究 ……………109
第一节　黄河三角洲土壤重金属污染的生态修复示范 ……………109
一、重金属污染土壤的植物修复示范 ……………109
二、4 种植物对果园（冬枣园）土壤重金属污染的修复效果 ……………110
三、4 种植物对棉地土壤重金属污染的修复效果 ……………114
四、修复效果分析 ……………116
第二节　黄河三角洲土壤石油污染的生态修复示范 ……………117
一、JH 菌株对 1#试验田石油污染土壤的实地修复 ……………117
二、XB 菌株对 2#试验田石油污染土壤的生物修复能力 ……………119
三、修复效果分析 ……………120
第三节　黄河三角洲土壤农药污染的生态修复示范 ……………121

一、微生物菌株的分离与筛选 …………121
二、现场修复试验 …………123
三、修复效果分析 …………127
参考文献 …………128
附录一 《土壤污染防治行动计划》 …………143
附录二 《山东省土壤污染防治条例》 …………163

第一章 黄河三角洲概况

黄河三角洲简称“黄三角”，位于渤海湾南岸和莱州湾西岸，地处117°31′~119°18′E和36°55′~38°16′N，主要位于山东省东营市和滨州市，是由古代、近代和现代3个三角洲组成的联合体。滔滔黄河，奔腾东流，挟带着黄土高原的大量泥沙，在山东省东营市垦利区注入渤海。在入海的地方，由于海水顶托，流速缓慢，大量泥沙在此落淤，填海造陆，形成黄河三角洲。需要注意的是，黄河三角洲的范围，有关部门根据不同历史阶段黄河尾闾摆动对三角洲影响的规律，界定以利津城为顶点，北起套尔河口，南至支脉沟口的扇形地带为古代千乘黄河三角洲；以垦利宁海为顶点，北起套尔河口，南至支脉沟口的扇形地带为近代黄河三角洲；以垦利渔洼为顶点，北起挑河口，南至宋春荣沟之间的扇形地带为现代黄河三角洲。习惯上所称的“黄河三角洲”，多指近代黄河三角洲。

2009年11月13日，国务院批复印发了《黄河三角洲高效生态经济区发展规划》。规划明确界定了黄河三角洲地理坐标为116°59′~120°18′E，36°25′~38°16′N，包括山东省东营市、滨州市两市的全部以及与其毗邻的自然环境条件相似的德州市（乐陵市、庆云县）、淄博（高青县）、潍坊市（寿光市、寒亭区、昌邑市）、烟台市（莱州市）的部分地区，共涉及6个市的19个县（市、区）（表1.1），总面积约2.67万km^2，约占山东省总面积的1/6。

表1.1 黄河三角洲涉及市（县、区）基本信息

市（县、区）	面积（km^2）	人口（万人）	信息来源
滨州市全部	9 660	392.9*	滨州市人民政府网站

（续表）

市（县、区）	面积（km^2）	人口（万人）	信息来源
东营市全部	8 243	219. 35	东营市人民政府网站
德州市乐陵市	1 172	68	乐陵市人民政府网站
德州市庆云县	502	34	庆云县人民政府网站
淄博市高青县	831	36. 7	高青县人民政府网站
潍坊市寿光市	2 072	116. 3	寿光市人民政府网站
潍坊市寒亭区	628	42	寒亭区人民政府网站
潍坊市昌邑市	1 627. 5	58	昌邑市人民政府网站
烟台市莱州市	1 928	82. 47	莱州市人民政府网站

＊根据第七次全国人口普查结果。

一、地形地貌

黄河三角洲地处华北平原，两面濒海，黄河穿境而过。总的地势为西南高、东北低，地形以黄河为轴线，近河高，远河低，总体呈扇状，由西南向东北微倾，地势低平，地面坡降为1/8 000～1/2 000。由于黄河具有少水、高沙、善淤、善徙等特点，其带来的大量泥沙是塑造黄河三角洲的物源。

自1855年黄河铜瓦厢决口改道北流以来，一直在渤海沿岸摆动，闾阁河段始终处于淤积延伸—摆动改道的周期性变化之中，且以惊人的速度向海推进，仅130多年的时间造陆面积就超过2 000 km^2，同时废弃入海口处的陆地又发生着快速的蚀退作用，并形成以海洋作用影响为主的海积平原。

该区地貌的成因影响着生态地质环境，而地貌形态的不同又使不同区段显示出不同的特点。因此，区内基本可分为3种地貌景观：山前平原、古黄河三角洲平原和现代黄河三角洲平原。

山前平原分布于小清河以南的广饶县境内，由淄河携带大量物质堆积形成，是以冲积、洪积为主形成的微倾斜平原，倾向北偏东，受淄河主流带展布制约，地面微有起伏。区内地表岩性以粉质黏土为主，排水通畅，地下水埋深较大，已形成人工开采漏斗。

古黄河三角洲平原分布于三角洲的中西部，微向北东倾斜，主要地貌形态类型为决口扇、缓平坡地、扇间洼地等。地表岩性以粉土为主，其次在决口扇顶部及黄河泛流主流带有粉砂分布，洼地内以黏土为主。

现代黄河三角洲平原分布于三角洲的北部和东北部，是黄河自1855年改道以来，与海洋动力共同作用形成的，以垦利区宁海为顶点，呈扇状向北、向东展布，微向北东倾斜，地面坡降1/10 000左右。现代黄河三角洲平原黄河泛流主流带与河间洼地相间分布，另外尚有黄河古河道、废弃河槽洼地、缓平坡地等微地貌形态，在近海地带则以低平地和滨海低地为主，地表岩性受此处的微地貌单元控制，岩性从粉砂土到黏土均有分布，但以粉土分布最广。

人类活动（修建黄河大堤、垦殖、城建、高速公路、海堤、石油开采等）在剧烈地改变着该区的微地貌形态，但其基本框架仍清晰可辨。

二、气象水文

黄河三角洲地处中纬度地区，因其背陆面海，故受欧亚大陆和太平洋的共同影响，属于暖温带季风型大陆性气候。因此，黄河三角洲的基本气候特征表现为冬寒夏热、四季分明。该区春季干旱多风，早春冷暖无常，且常有倒春寒出现，又于晚春时迅速回暖，故春旱现象时有发生；而到夏季炎热多雨，温度高、湿度大，偶受台风侵袭；及至秋季，则气温下降，雨水骤减，通常天高气爽；其冬季空气干冷，寒风频吹，近年来雨雪日渐稀少，多刮北风、西北风。

黄河三角洲位于华北平原东部，南北跨度不大，境内气候南北差异不很明显。全年平均气温 11.7 ~ 12.6 ℃，极端最高气温41.9 ℃，年日照时数2 590~2 830 h；无霜期 211 d；年降水量

530~630 mm，70%分布在夏季；年蒸散量为750~2 400 mm。降水年际变化大，年内降水分布不均，常有春旱、夏涝、晚秋又旱的特点，区内易发生干热风、雹灾、旱灾和风暴潮等灾害。区内历年平均地表水径流量约为4.48亿m^3，多集中在夏季，水量大部分排入渤海，利用率很低。

三、生物资源

我国北方的植物起源于北极第三纪植物区系，更确切地说是可能起源于安哥拉古陆的南缘。由于在冰川期没有受到大规模冰川的直接侵蚀，同时受中亚干燥化的影响也不太大，所以现存植物是第三纪植物区系的直接后代。因此，黄河三角洲的植物具有古老的特征，而且种类组成很丰富。植物作为生态系统中的生产者如此丰富多彩，那么依赖于植物而生活的消费者——动物，以及作为分解者的微生物，也必然是多种多样的。

本区植被为原生性滨海湿地演替系列，生态系统类型独特，湿地生物资源丰富，区内有各种生物1 917种，其中，属国家重点保护的野生动植物50种，列入《濒危野生动植物种国际保护公约》的种类有47种。

黄河三角洲属暖温带落叶阔叶林区。受气候、土壤含盐量、潜水水位与矿化度、地貌类型的制约以及人类活动的影响，区域内木本植物很少，以草甸景观为主体。区内无地带性植被类型，且类型少、结构简单、组成单一。在天然植被中，以滨海盐生植被为主，占天然植被的56.5%，沼生和水生植被占天然植被的21%，灌木柽柳等占天然植被的21%，阔叶林仅占天然植被的1.5%左右。人工植被中以农田植被为主，占人工植被的95.7%，木本栽培植被仅占人工植被的4.3%左右。植物种类有40多个科110多个属160多个种，以禾本科、菊科草本植物最多。在草本植物中，以多年生根茎禾草为主，尤以各种盐生植物占显著地位。

黄河三角洲自然保护区是东北亚内陆和环西太平洋鸟类迁徙重要的“中转站”、越冬地和繁殖地。鸟类资源丰富，珍稀濒危鸟类多。自然保护区内分布着各种野生动物达1 524种，其中，海洋性水生动物418种，属国家重点保护的有江豚、宽喙海豚、斑海豹、小须鲸、伪虎鲸5种；淡水鱼类108种，属国家重点保护的有达氏鲟、白鲟、松江鲈3种；鸟类290余种，属国家一级保护的有丹顶鹤、白头鹤、白鹤、金雕、大鸨、中华秋沙鸭、白尾海雕7种，属国家二级保护的有灰鹤、大天鹅、鸳鸯等33种。世界上存量极少的稀有鸟类黑嘴鸥，在自然保护区内有较多分布，并筑巢、产卵、繁衍生息于此。

四、土壤概况

黄河三角洲土地总面积近1. 8万 km^2，是我国东部亟待开发的年轻土地，其土壤类型与土壤质地较为多样化，且在空间分布上具有较高的异质性。

该区是我国东部沿海人均土地最多的地区，其中耕地面积为67. 46万 hm^2，占总面积的38. 62%；天然草地及盐碱地面积为30. 65万 hm^2，占总面积的17. 54%。总体来讲，该区土壤类型以滨海潮盐土和盐化潮土为主，面积占到该区面积的60%以上；其次为潮土和石灰性砂姜黑土，主要分布在沿黄一带；褐土、潮褐土等也占有一定面积，集中分布于该区南部。水稻土、脱潮土、湿潮土等所占比例很小，零散分布于有关县（市、区）。

该区土壤质地主要为砂壤、轻壤，其次为中壤，而重壤与黏土类型较少，尤其是黏土质地土壤，只零星分布于各县（市、区）。砂壤主要分布于沿渤海地带及黄河沿岸地区，轻壤分布也较广，中壤与重壤散布于区内各地。

该区可利用土地资源丰富，土壤质地以轻壤土居多，新淤地比较肥沃，但由于淡质土层之下为老盐土和高矿化度的潜水，故开垦利用不当时土壤容易盐渍化。其陆地主要由黄河泥沙新塑而成，成土时间晚，草甸过程短，且海拔低、淤层薄，蒸降比大，矿化度高，毛细管作用强烈，海相盐土母质所含大量盐分，易升至地表导致土壤盐渍化，加上不合理的垦殖，因此，相当脆弱，原有的生态环境及结构与功能极易被破坏。

第二章　黄河三角洲土壤重金属污染现状与评价

重金属是一类典型的污染物，它主要是由于工业企业的管理不善、工艺落后而排放出不符合有关规定的“三废”。农业生产过量使用化肥和杀虫剂，致使许多工业区域及农耕区的水体和土壤受到了严重的污染。对人类身体健康有明显影响的重金属，主要为汞（Hg）、镉（Cd）、铬（Cr）、铅（Pb）和砷（As）等，也包括有一定毒性的锌（Zn）、铜（Cu）、钴（Co）、钼（Mo）、镍（Ni）和锡（Sn）等常见元素。土壤是植物，特别是作物的生长环境，作为人类主要食物的粮食、蔬菜、家禽和家畜等农副产品，都直接或间接产自土壤。重金属在土壤中不能被微生物分解，它们会不断积累，一些甚至转化为毒性更大的烷基化合物，并被植物吸收富集，从而通过食物链以有害浓度累积在人、畜体内，进而危害人体健康。引起土壤重金属污染的原因有很多而且非常复杂，不同重金属元素来源差别很大，即使同种重金属元素其来源也往往不同。

有关黄河三角洲土壤重金属含量状况的报道较少。芮玉奎等（2008）利用 ICP-MS 分析了黄河三角洲新形成陆地土壤中的重金属含量。结果表明，随着黄河流域土地利用的加快发展，黄河流沙中重金属污染状况逐渐恶化，特别是 Mn、Cu、Zn、Cr 和 Cd 的污染与 10 年前相比差异达到显著水平，而 As、Pb 和 Hg 含量也明显提高。郭德英（2007）等调查监测了黄河三角洲境内 12 条河流沿岸土壤 4 种主要重金属分布状况。结果表明，目前该地区沿河土壤基本未受到 Cu、Pb、Cd、Cr 的污染，但必须严格控制上游流域工业污染源的“三废”排放，以防止潜在的污染威胁。为明晰黄河三角洲土壤重金属污染特征，本研究通过对黄河三角洲农田、草场、荒地以及油井处共102个土壤样品进行调查分析测试，探讨了不同土地利用方式下土壤重金属的累积分布特征，评价了黄河三角洲土壤重金属污染状况，为进一步优化黄河三角洲土地利用、控制重金属对环境的污染提供了科学依据。

第一节　黄河三角洲土壤重金属污染源分析

土壤中重金属元素来源分为自然来源和人为干扰输入。自然因素中，重金属是地壳构成的部分元素，成土母质和成土过程对土壤重金属含量的影响很大，使重金属在土壤环境中分布广泛。人为的外源污染物输入（即人为源）是土壤中重金属不可忽视的重要来源，也是造成土壤重金属污染的主要原因。城市工业“三废”排放、燃煤、生活垃圾堆放及交通运输排放是我国城市土壤重金属污染的主要来源。工业活动以各种形式将重金属大量输入到土壤中，造成土壤中重金属累积。本节通过查阅大量资料文献，分析了黄河三角洲土壤重金属污染物的主要人为来源。

一、大气沉降

大气中的重金属主要来源于能源、运输、冶金和建筑材料生产等活动产生的气体和粉尘。除Hg以外，重金属基本上是以气溶胶的形态进入大气，经过自然沉降和降水进入土壤。根据资料分析，煤中含有Cd、Cr、Pb、Hg、钛（Ti）等多种重金属，而石油中则含有相当量的Hg。随着煤等燃料的燃烧，部分悬浮颗粒和挥发金属随烟尘进入大气，其中，10%~30%沉降在距排放源十几千米的范围内。除含重金属燃料的燃烧外，运输特别是汽车运输对大气和土壤也造成了严重的污染，主要以Pb、Zn、Cd、Cr、Cu为主，它们来自含Pb汽油的燃烧和汽车轮胎磨损产生的粉尘。这种由汽车引起的污染明显呈条带状分布，并随距公路、铁路、城市中心的距离及交通流量有明显的变化。随着交通流量的日益增加，公路两侧土壤中的 Pb 污染呈增加趋势。

二、污水灌溉

利用污水灌溉是工业时代农业灌区灌溉的一种方式，主要是把污水作为灌溉水源来利用。污水按来源可分为城市生活污水、石油化工污水、矿山工业污水和城市混合污水等。我国工业迅速发展，工矿企业污水未经分流处理而排入下水道与生活污水混合排放，其中的重金属含量远远超过当地背景值。重金属随着污水灌溉而进入土壤，以不同的方式被土壤截留固定，从而造成污灌区土壤重金属 Hg、Cr、Pb、Cd 等含量逐年增加。据不完全统计，滨州市污水灌溉面积约占耕地的 10%。工业（造纸、印染、化工等）污水除富含有机物之外，还含有 Pb、Cu 等金属离子，这些有害物质在土壤中富集，造成土壤污染。据 2009 年黄河三角洲各海域、流域废水排放量调查（表 2. 1），黄河流域石油类污染物的排放量最多，占总排放量的 52. 80%，其次为小清河流域，占 28. 77%，再次为海河流域和沿海诸河流域，分别占 13. 86%和 2. 55%。

表 2. 1　黄河三角洲 2009 年工业源废水及石油类污染物在不同海域、流域排放情况

海域、流域	废水排放量（万 m^3）	石油类（t）	石油类占总排放量比例（%）
渤海	899. 87	9. 37	2. 02
海河流域	5 504. 08	64. 37	13. 86
黄河流域	4 489. 10	245. 28	52. 80
小清河流域	16 963. 35	133. 65	28. 77
沿海诸河流域	7 174. 19	11. 84	2. 55
总计	35 030. 59	464. 51	—

据 1994—2003 年监测数据显示（表 2. 2、表 2. 3），黄河三角

洲地区 19 条河流中，7 条河流为严重污染，占监测河流总数的 37%；有 5 条河流为重污染，占监测河流总数的 26%；有 5 条河流为中污染，占监测河流总数的 26%；1 条河流轻污染，仅有黄河水质属于尚清洁。19 条河流中，16%的河流受到了重金属 Cd 的污染。这可能成为土壤重金属一个重要的污染源。

表 2.2 黄河三角洲 1994—2003 年河流污染状况

河流名称	均值型综合污染指数	污染级别
徒骇河	0.68	轻污染
德惠新河	0.93	中污染
马颊河	1.70	重污染
潮河	5.18	严重污染
草桥沟	0.96	中污染
挑河	1.31	重污染
神仙沟	1.67	重污染
黄河	0.21	尚清洁
东营河	2.24	严重污染
溢洪河	1.10	重污染
广利河	0.95	中污染
广蒲沟	1.72	重污染
支脉河	0.86	中污染
小清河	2.97	严重污染
阳河	5.72	严重污染
淄河	11.21	严重污染
预备河	0.99	中污染
朱龙河	5.82	严重污染
孝妇河	8.61	严重污染

表 2.3　黄河三角洲 1994—2003 年河流水质超标项目统计

河流名称	重金属超标项目
潮河	As
溢洪河	Cd
广利河	Cd
淄河	Cd

黄河三角洲局部地区浅层地下水重金属元素含量超过饮用水标准，污染严重的地区主要分布在排污河道沿岸、城镇和工业集中区。东营市地势偏低，受外来污水影响严重，部分地区地下水检测出 As、Cd、Pb 和 Cr 等重金属元素。表 2.4 为黄河三角洲平原区浅层地下水污染监测数据。

表 2.4　黄河三角洲平原区浅层地下水污染监测数据

单位：mg · L^{-1}

编号	位置	As	Cd	Pb	Cr
S2	利津县城北	0.000	0.000	0.000	0.000
S3	利津县盐窝镇	0.000	0.000	0.000	0.000
S4	利津县虎滩乡西南	0.000	0.000	0.000	0.000
S5	利津县陈庄镇陈西村	0.026	0.000	0.000	0.000
S8	东营市河口区	0.000	0.000	0.000	0.000
S15	东营区董集乡东	0.000	0.000	0.000	0.000
S13	垦利区宁海乡张东 500 m	0.000	0.000	0.000	0.000
S14	垦利区宁海乡水库西 50 m	0.000	0.000	0.000	0.000
S16	东营区油郭乡元里北	0.000	0.000	0.000	0.000
S6	利津县南宋五庄	0.040	0.000	0.000	0.000
S7	利津县南宋五庄	0.000	0.000	0.000	0.000
S21	军马总场七分场	0.016	0.000	0.009	0.000

（续表）

编号	位置	As	Cd	Pb	Cr
S22	利津县南宋五庄	0.000	0.000	0.000	0.000
S1	利津县南宋乡	0.000	0.000	0.000	0.000
1	利津县南宋乡南宋村	0.000	0.000	0.000	0.000
2	利津县南宋乡五庄村	0.000	0.000	0.000	0.000
5	河口区军马七分场	0.000	0.000	0.000	0.000
6	东营区油郭乡元里村	0.000	0.000	0.000	0.000
7	垦利区宁海乡东张	0.000	0.000	0.000	0.000
T1	东营区六户镇沙营东南 500 m	0.000	0.012	0.071	0.009
T2	东营区西城南畜牧场北 1 500 m	0.000	0.368	2.084	0.006
T3	胜利油田采油二十六队北 1 000 m	0.000	0.092	0.460	0.004
T4	东营区广利港坝口南 500 m	0.000	0.425	2.198	0.000
T6	广南水库北垦利盐场东2 500 m	0.000	0.000	0.080	0.437
T7	东营区六户镇王岗东偏北 1 500 m	0.000	0.000	0.007	0.056
T8	东营区六户镇东南角	0.000	0.000	0.011	0.067
T9	胜利油田五七学校一大队北 500 m	0.000	0.008	0.033	0.006
T10	东营区油郭乡东北 500 m	0.000	0.000	0.007	0.030
T11	垦利区下镇乡付合东北 2 000 m	0.000	0.075	0.407	0.005
T12	黄河农场五分场西北 500 m	0.000	0.067	0.430	0.004
T13	垦利区新安乡利林村西 500 m	0.000	0.064	0.376	0.000

三、工农业生产

工业活动（如冶炼、电镀、塑料、电池、化工等行业）以各种形式将重金属大量输入土壤中，造成土壤中重金属累积。黄河三角洲部分工业生产过程中直接或间接排放的有毒金属元素见表 2.5。

表 2.5　部分工业生产过程中直接或间接排放的有毒金属元素

工业类别	As	Cd	Co	Cr	Cu	Fe	Hg	Mn	Mo	Ni	Pb	Sb	Zn
合金	√	√	√	√	√			√		√	√	√	√
电池及电化学							√	√		√	√		√
陶瓷和玻璃	√		√							√	√		
化学品、药品	√	√		√	√		√				√		√
防腐涂层		√		√							√		√
电子仪器设备					√		√						
肥料	√	√		√	√		√	√	√	√	√		√
化石燃料燃烧	√	√					√		√		√		√
冶金和冶炼	√	√		√	√		√	√		√	√	√	√
涂料和颜料	√	√	√	√	√		√	√		√	√	√	√
石油提炼	√			√	√					√	√		√
管线、钢铁机械					√	√					√		
塑料		√									√		√
纸浆和纸制品				√	√		√			√	√		√
橡胶												√	
皮革和纺织品	√			√	√								
木材防腐处理	√			√				√					

黄河三角洲有一些固体废弃物被直接或通过加工作为肥料施入土壤，造成土壤重金属污染。例如，当地畜牧生产的发展产生了大量的家畜粪便及动物产品加工过程中产生的废弃物。由于饲料中添加了一定量的重金属盐类，因此，这类农业废弃物作为肥料施入土壤会增加土壤 Zn、Mn 等重金属元素的含量。磷石膏属于化肥工业废物，由于其有一定量的正磷酸以及不同形态的含磷化合物，并可以改良酸性土壤，从而被大量施入土壤，造成了土壤中 Cr、Pb、Mn 等含量增加。当磷钢渣作为磷源施入土壤时，发现土壤中有 Cr 的累积。污水处理厂产生的污泥，由于其含有较高的有机质和氮、

磷养分而被当作肥料施入土壤。一般来说，污泥中 Cr、Pb、Cu、Zn 等极易超过控制标准，从而使土壤重金属含量有不同程度的增加，其增加的幅度与污泥中的重金属含量、污泥的施用量及土壤管理有关。除直接堆放或排放外，固体废弃物也可以通过风的传播而使污染范围扩大，土壤中重金属的含量随距离污染源的增大而降低。

农药、化肥和地膜是重要的农用物资，对农业生产的发展起着重大的推动作用。但长期不合理施用也可以导致土壤重金属污染。绝大多数的农药为有机化合物，少数为有机-无机化合物或纯矿物质，个别农药在其组成中含有 Hg、Cu、Zn 等重金属。杀真菌农药常含有 Cu 和 Zn，其被大量地用于果树和温室作物，常常会造成土壤 Cu、Zn 累积达到有毒的浓度。重金属元素是肥料中报道最多的污染物质。氮、钾肥料中重金属含量较低，磷肥中含有较多的有害重金属，复合肥的重金属主要来源于母料及加工流程。肥料中重金属含量一般是磷肥>复合肥>钾肥>氮肥。Cd 是土壤环境中重要的污染元素，随磷肥进入土壤的 Cd 一直受到人们的关注。许多研究表明，随着磷肥及复合肥的大量施用，土壤有效 Cd 的含量不断增加，作物吸收的 Cd 也相应增加。这些都可能导致黄河三角洲土壤重金属污染。

第二节　黄河三角洲土壤重金属铜污染现状与评价

对黄河三角洲的滨州市、东营市进行了实地考察和土壤采样，分析了该地区土壤中重金属 Cu 含量，在此基础上分析了该地区土壤中 4 种重金属含量统计分布特征。采用内梅罗污染指数法对黄河三角洲不同土地利用方式土壤中重金属 Cu 的污染状况进行评价。

一、土壤重金属铜污染研究方法

（一）样品的采集与制备

按照《土壤环境监测技术规范》土壤采样的技术要求，利用GPS进行定位，结合黄河三角洲土壤石油污染现状调查采样布点情况，同时采集土壤重金属分析土样。根据区域代表性、土地利用差异性相结合的原则，将农田细分为菜地、麦地、棉地和果园，加上草场和荒地，共布置采样点156个，采样点分布于滨州市［滨城区、沾化区、无棣县、阳信县、惠民县、博兴县、邹平市等县（市、区），每县（市、区）采样点10~15个］和东营市［广饶县、利津县、东营区、河口区、垦利区等县（市、区），每县（市、区）采样点8~10个］。采样时每个采样点设在50 m×50 m的范围内。在每一个采样点的采样区域内先用木片采取9个表层（0~20 cm）土壤样品并将其混合均匀，然后将混匀后的样品装入250 mL棕色广口磨口玻璃瓶内，密封瓶口，装在放有冰块的保温箱中运回实验室冷藏（0~4 ℃）保存。在分析前先将样品风干，然后将其研碎，去掉其中含有的小石子、植物根系、生物残余物及其他杂质，研磨过0.149 mm尼龙筛，备用。

（二）样品分析

首先以王水-过氧化氢对待测土壤样品进行消煮，然后采用火焰原子吸收分光光度法测定土壤中重金属Cu含量。

具体方法与操作步骤如下。

用0.000 1 g分析天平准确称量待测土壤约0.5 g，制备时已过0.149 mm筛，移至锥形瓶中。加15 mL王水于盛样锥形瓶中，静置在通风橱中过夜，次日把盛样锥形瓶放在调温电热板或调温电炉上消煮，控制温度，使消煮液保持微沸，可加几粒玻璃珠以防止剧烈沸腾，1 h后，取下冷却，加7~8滴30%过氧化氢消解，重复

2~3 次，而后加入 1~2 mL 浓硝酸，加热蒸至近干，注意不要发生煳底，否则将影响结果的准确性，重复 2~3 次，取下，加入 1% HNO_3溶液 15 mL，加热溶解盐类。同时做两个空白实验，以校正试剂误差。

在 50 mL 容量瓶口放一漏斗及蓝带中孔定量滤纸。将消煮液连同残渣一起倒入滤纸中，用滴管吸热的 1% HNO_3溶液于锥形瓶中，用带橡皮头玻璃棒将锥形瓶内壁的残渣擦洗下来，并一起倒入漏斗中，这样多次操作，直至锥形瓶中不再留有残渣为止。消煮待测滤液用 1% HNO_3溶液定容于 50 mL 容量瓶中，作为测定全 Cu 的消煮待测液。残渣为 SiO_2，呈白色。吸取 50 mL 滤液于预先加入 100 mL 0.1 mol·L^{-1} HCl 溶液的 250 mL 分液漏斗中，经萃取分离后上机测定。

(三) 数据处理与分析

采用 Excel 2010 和 SPSS 17.0 对所测的数据进行处理分析。

二、土壤重金属铜污染现状与评价

(一) 土壤中铜含量状况

Cu 既是植物生长发育必需的微量营养元素，又是导致环境污染的重金属元素。1982 年 FAO/WHO 推荐 Cu 的日允许摄入量为 0.05~0.5 mg·kg^{-1}（0.05 mg·kg^{-1}为需要量，0.5 mg·kg^{-1}为最大耐受量）。对于农作物，Cu 缺乏临界随作物不同而异，但在土壤有效 Cu<0.5 mg·kg^{-1}、全 Cu<7 mg·kg^{-1}时多数作物可能发生缺 Cu，需要施入 Cu 肥。Cu 作为一种典型的污染物，在土壤中含量过多，一方面会使农作物光合作用减弱，叶色褪绿，从而抑制其生长，导致减产；另一方面还可以通过食物链在粮食、蔬菜、家禽和家畜等农副产品中富集，进而危害人体健康。因此，对 Cu 的研究一直受到生物学、农学和环境科学等领域的广泛关注。

各土地利用方式下土壤 Cu 含量频数分布（对数转换后数

据）如图 2.1 所示。6 种土地利用方式土壤 Cu 含量平均值果园>菜地>棉地>麦地>草场>荒地（表 2.6）。果园土壤 Cu 含量范围为 15.77~39.93 mg · kg^{-1}，平均值为 28.19 mg · kg^{-1}，是山东省土壤背景值（22.85 mg · kg^{-1}）的 1.23 倍；其次是菜地，土壤 Cu 含量范围为 11.64~35.81 mg · kg^{-1}，平均值为 23.54 mg · kg^{-1}，是山东省土壤背景值的 1.03 倍；荒地 Cu 含量最低，其范围为 13.21~21.51 mg · kg^{-1}，平均值为 17.49 mg · kg^{-1}，没有超过山东省土壤背景值。6 种土地利用方式中，果园土壤 Cu 含量的变异系数高达 56.12%，高于其他 5 种方式，表明其含量分布极为不均匀，样品间变化较大，这可能与不同地区的果园经营管理方式不同有关。菜地变异系数为 54.21%，仅次于果园，表明其含量分布也比较不均匀，样品间变化较大，土壤受到人为扰动较大。荒地变异系数为 24.41%，在 6 种土地利用方式中最小，表明自然土壤样品 Cu 含量的差别较小，数据集中，人为扰动最小。

土壤中 Cu 的来源受成土母质、气候、人类活动等多种因素的影响，而农业生产中过量使用化肥和杀虫剂等，是致使许多农业土壤受到 Cu 污染的一个重要原因。不同地区、不同种类的土壤，特别是人类活动较为纷繁复杂、容易受到扰动和污染的各种农用土地，其 Cu 含量有较大的差别。

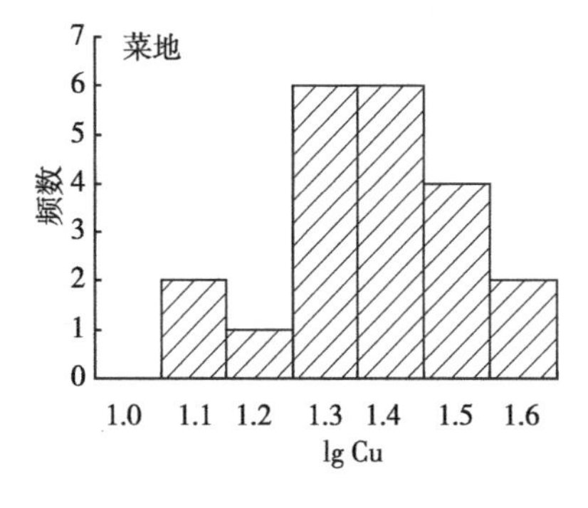

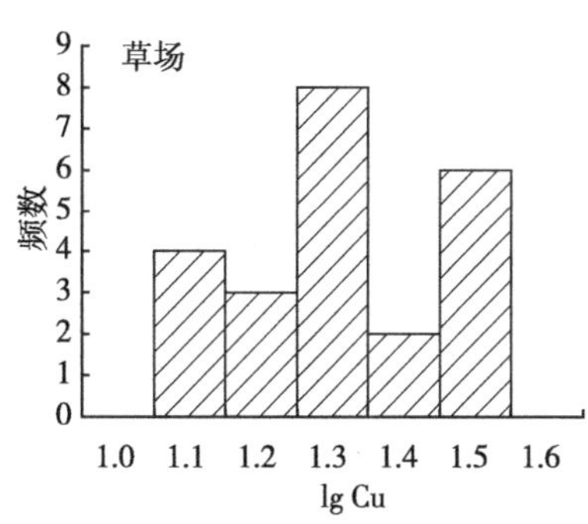

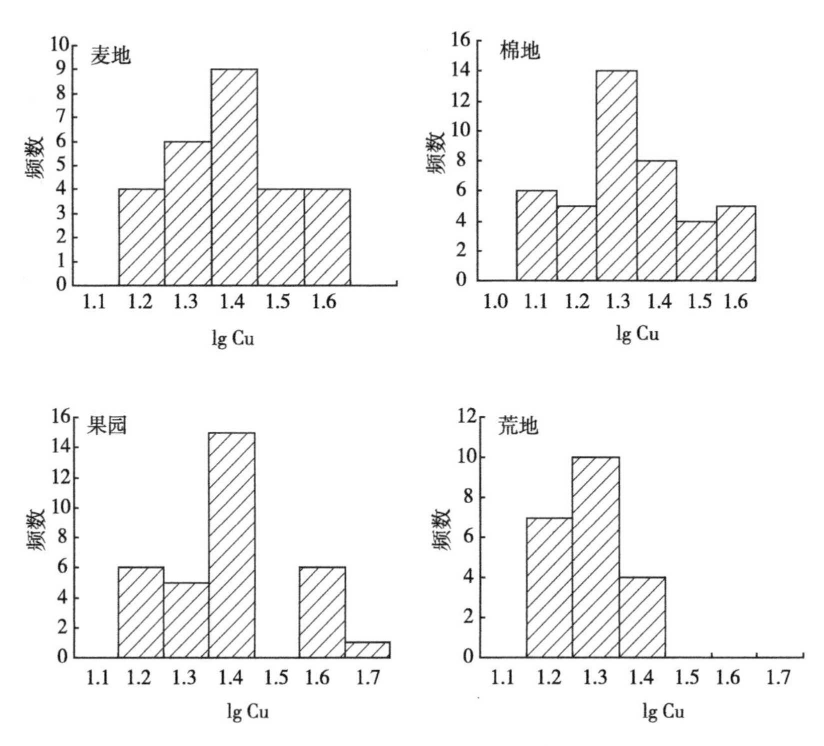

图 2.1 不同土地利用方式下土壤 Cu 含量频数分布

表 2.6 不同土地利用方式下土壤中 Cu 含量和 pH 值

土地利用方式	样点数	Cu 含量				
		最小值 (mg·kg^{-1})	最大值 (mg·kg^{-1})	平均值 (mg·kg^{-1})	中位数 (mg·kg^{-1})	变异系数 (%)
菜地	21	11.64	35.81	23.54	21.45	54.21
草场	23	13.12	27.56	20.11	20.19	30.35
麦地	27	13.35	31.17	20.14	20.13	35.66
棉地	42	10.61	34.67	22.01	22.71	41.27
果园	22	15.77	39.93	28.19	25.21	56.12
荒地	21	13.21	21.51	17.49	16.95	24.41

（续表）

土地利用方式	样点数	pH 值				
		最小值	最大值	平均值	中位数	变异系数（%）
菜地	21	7.32	8.45	7.68	7.52	29.81
草场	23	7.21	8.31	7.56	7.48	29.36
麦地	27	7.12	8.51	7.63	7.55	19.56
棉地	42	7.04	8.35	7.44	7.49	20.19
果园	22	6.91	8.05	7.36	7.48	39.46
荒地	21	7.31	8.61	7.76	7.61	44.23

土地利用方式不同，则地表覆盖及人为干扰影响程度不同，直接影响土壤物质的输入和输出。方差分析表明（表 2.7），果园的土壤 Cu 含量极显著地高于荒地、草场、麦地和棉地（$P<0.01$），菜地和棉地土壤的 Cu 含量又极显著地高于荒地。菜地土壤 Cu 含量与草场、麦地有显著差别（$P<0.05$），但与棉地差异不显著。棉地与草场、麦地，以及草场和麦地之间土壤 Cu 含量差异不显著。可以看出，不同的土地利用方式对土壤 Cu 含量的影响有较大差异。

表 2.7　不同土地利用方式下土壤 Cu 含量差异分析（SSR 法）

土地利用方式	荒地	草场	麦地	棉地	菜地
果园	10.08**	7.57**	7.07**	5.82**	3.88*
菜地	6.20**	3.69*	3.19*	1.94	
棉地	4.26**	1.75	1.25		
麦地	3.01	0.50			
草场	2.51				

注：$SSR_{0.05}=3.18$；$SSR_{0.01}=4.11$；** 表示差异极显著（$P<0.01$）；* 表示差异显著（$P<0.05$）。

Cu 是果园中常用化学药剂波尔多液的主要有效成分，其在果园中的使用不仅频繁而且用量大，因此，果园土壤中的 Cu 会逐渐累积。虽然 Cu 是植物必需的微量营养元素之一，但同时它又是一种重金属，在土壤中的大量积累不仅会污染环境，而且会影响果树的生长，降低水果的品质。因此，采用合理的管理措施控制果园土壤 Cu 的含量、调节 Cu 的形态、降低果实中 Cu 的大量积累是提高果品品质、实现绿色果品生产的重要途径，同时根据情况适当降低含 Cu 杀菌剂的用量，以及对污染土壤进行合理的修复也是非常必要的。

（二）土壤中重金属铜污染评价

选用《土壤环境质量　农用地土壤污染风险管控标准（试行）》（GB 15618—2018）作为土壤重金属污染评价的评价标准（表 2.8）。

表 2.8　土壤环境质量标准值　　单位：$mg \cdot kg^{-1}$

项目		一级		二级		三级
		自然背景	pH 值<6.5	pH 值 6.5~7.5	pH 值>7.5	pH 值>6.5
镉		≤0.20	≤0.30	≤0.30	≤0.60	≤1.0
汞		≤0.15	≤0.30	≤0.50	≤1.0	≤1.5
砷	水田	≤15	≤30	≤25	≤20	≤30
	旱田	≤15	≤40	≤30	≤25	≤40
铜	农田等	≤35	≤50	≤100	≤100	≤400
	果园	—	≤150	≤200	≤200	≤400
铅		≤35	≤250	≤300	≤350	≤500
铬	水田	≤90	≤250	≤300	≤350	≤400
	旱田	≤90	≤150	≤200	≤250	≤300
锌		≤100	≤200	≤250	≤300	≤500

（续表）

项目	一级		二级		三级
	自然背景	pH 值<6.5	pH 值 6.5~7.5	pH 值>7.5	pH 值>6.5
镍	≤40	≤40	≤50	≤60	≤200
六六六	≤0.05		≤0.50		≤1.0
滴滴涕	≤0.05		≤0.50		≤1.0

土壤中重金属污染状况分别采用单因子法［式（2-1）］和内梅罗污染指数法［式（2-2）］进行评价。为保障农业生产，维护人体健康，该研究区土壤（土壤 pH 值>7.5）环境质量应执行二级标准。根据土壤内梅罗污染指数评价标准确定不同土地利用方式下土壤中 Cu 含量的污染等级。表 2.9 为黄河三角洲不同土地利用方式下的土壤 Cu 污染评价结果。从表 2.9 可以看出，果园的内梅罗污染指数大于 0.7，污染等级为尚清洁。菜地、棉地、麦地、草场和荒地土壤中 Cu 的内梅罗污染指数都小于 0.7，污染等级为清洁（安全）。黄河三角洲果园土壤 Cu 含量超标，处于警戒级，菜地、棉地、麦地、草场和荒地土壤中 Cu 尚未构成污染。

$$P_i = C_i / S_i \tag{2-1}$$

式中，P_i为土壤中污染物 i 的污染指数；C_i为土壤中污染物 i 的实测质量分数，$mg \cdot kg^{-1}$；S_i 为土壤中污染物 i 的评价标准，$mg \cdot kg^{-1}$。

$$P_N = \left(\frac{(P_{imax}^2 + P_{iave}^2}{2} \right)^{1/2} \tag{2-2}$$

式中，P_N 为内梅罗污染指数，P_{imax}为土壤污染中单项污染指数最大值；P_{iave}为土壤污染中单项污染指数的平均值。

表 2.9　黄河三角洲不同土地利用方式下的土壤 Cu 污染评价

土地利用方式	内梅罗污染指数	污染等级
果园	0.71	尚清洁（警戒级）
菜地	0.43	清洁（安全）
棉地	0.41	清洁（安全）
麦地	0.16	清洁（安全）
草场	0.11	清洁（安全）
荒地	0.08	清洁（安全）

进一步对采集土壤样品 Cu 含量与土壤 pH 值做 Pearson 相关性分析，结果表明，土壤 Cu 含量与土壤 pH 值之间呈显著的正相关关系（$P<0.001$），即土壤样品中 Cu 含量随 pH 值的增加呈明显递增的趋势（图 2.2）。

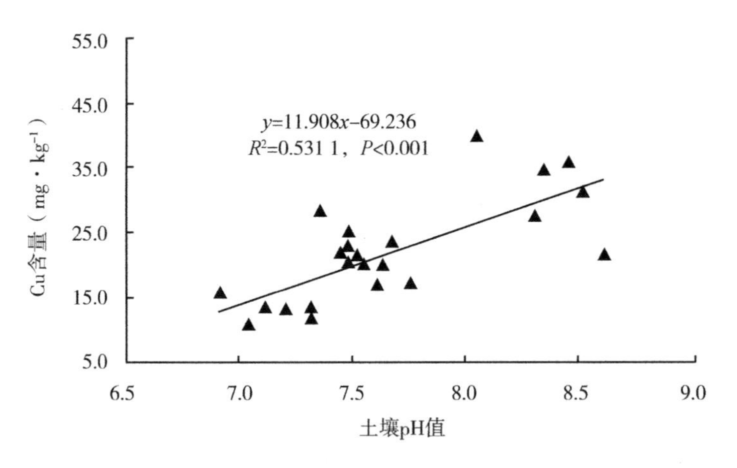

图 2.2　土壤 pH 值对土壤中 Cu 含量的影响

第三节　黄河三角洲土壤重金属镉污染现状与评价

对黄河三角洲的滨州市、东营市进行了实地考察和土壤采样，分析了该地区土壤中重金属 Cd 含量，在此基础上分析了该地区土壤中重金属 Cd 含量的分布特征。采用内梅罗污染指数法对黄河三角洲不同土地利用方式土壤中重金属 Cd 的污染状况进行评价。

一、土壤重金属镉污染研究方法

（一）样品的采集与制备

按照《土壤环境监测技术规范》土壤采样的技术要求，利用 GPS 进行定位，结合黄河三角洲土壤石油污染现状调查采样布点情况，同时采集土壤重金属分析土样。根据区域代表性、土地利用差异性相结合的原则，将农田细分为菜地、麦地、棉地和果园，加上草场和荒地，在滨州市、东营市各县（市、区）共布置采样点 156 个。采样时每个采样点设在 50 m×50 m 的范围内。在每一个采样点的采样区域内先用木片采取 9 个表层（0~20 cm）土壤样品并将其混合均匀，然后将混匀后的样品装入 250 mL 棕色广口磨口玻璃瓶内，密封瓶口，装在放有冰块的保温箱中运回实验室冷藏（0~4 ℃）保存。在分析前先将样品风干，然后将其研碎，去掉其中含有的小石子、植物根系、生物残余物及其他杂质，研磨过 0.149 mm 尼龙筛，备用。

（二）样品分析

以王水–过氧化氢消煮法处理土壤样品，采用石墨炉原子吸收分光光度法测定土壤中重金属 Cd 含量。具体方法如下。

用0.000 1 g分析天平准确称量待测土壤约0.5 g，移至锥形瓶中。加15 mL王水于盛样锥形瓶中，静置在通风橱中过夜，次日把盛样锥形瓶放在调温电热板或调温电炉上消煮，控制温度，使消煮液保持微沸，可加几粒玻璃珠以防止剧烈沸腾，1 h后，取下冷却，加7~8滴30%过氧化氢消解，重复2~3次，而后用1~2 mL浓硝酸，加热蒸至近干，注意不要发生煳底，否则将影响结果数据的准确性，重复2~3次，取下，加15 mL 1% HNO_3溶液加热溶解盐类。同时做两个空白实验，以校正试剂误差。

在50 mL容量瓶口放一漏斗及蓝带中孔定量滤纸。将消煮液连同残渣一起倒入滤纸中，用滴管吸热的1% HNO_3溶液于锥形瓶中，用带橡皮头的玻璃棒将锥形瓶内壁的残渣擦洗下来，并一起倒入漏斗中，这样多次操作，直至锥形瓶中不再留有残渣为止。消煮待测滤液用1% HNO_3溶液定容于50 mL容量瓶中，作为测定全Cd的消煮待测液。残渣为SiO_2，呈白色。吸取50 mL滤液于预先加入100 mL 0.1 mol·L^{-1} HCl溶液的250 mL分液漏斗中，经萃取分离后上机测定。

（三）数据处理与分析

采用Excel 2010和SPSS 17.0对所测的数据进行处理分析。

二、土壤重金属镉污染现状与评价

（一）土壤中镉含量状况

环境中Cd主要来源于Pb、Zn、Cu的矿山和冶炼厂内的废水及各种含Cd物质的冶炼和燃烧，电镀电池、颜料、半导体荧光体，烧煤的烟尘等。在农业上，施用肥料如磷肥、含Zn肥料等会带来Cd的污染。作物对Cd的吸收和积累的一个显著特点是有时其生长并未受到影响，但农产品Cd含量却已大大超过卫生标准的几倍甚至是几十倍。这除了与作物本身的特性有关外，还取决于土壤中 Cd 的有效性（即植物毒性）。土壤中 Cd 的有效性由土壤中 Cd 的沉淀溶解平衡、络合解离平衡和吸附解吸平衡等过程所控制。

各土地利用方式下土壤 Cd 含量频数分布（对数转换后数据）如图 2.3 所示。6 种土地利用方式土壤 Cd 含量平均值棉地>菜地>麦地>草场>果园>荒地（表 2.10）。棉地土壤 Cd 含量范围为 0.06~0.54 $mg \cdot kg^{-1}$，平均值为 0.21 $mg \cdot kg^{-1}$；麦地土壤 Cd 含量范围为 0.06~0.51 $mg \cdot kg^{-1}$，平均值为 0.20 $mg \cdot kg^{-1}$；草场土壤 Cd 含量范围为 0.03~0.37 $mg \cdot kg^{-1}$，平均值为 0.19 $mg \cdot kg^{-1}$；果园土壤 Cd 含量范围为 0.02~0.41 $mg \cdot kg^{-1}$，平均值为 0.18 $mg \cdot kg^{-1}$；荒地土壤 Cd 含量范围为 0.05~0.27 $mg \cdot kg^{-1}$，平均值为 0.11 $mg \cdot kg^{-1}$。其中，麦地和棉地土壤中 Cd 含量变异系数较大。Cd 是一种较为典型的由于人类活动进入环境的元素，其所造成的环境危害在很大程度上与人类活动密切相关。麦地和棉地人为扰动比较大，Cd 含量变化可能较大。

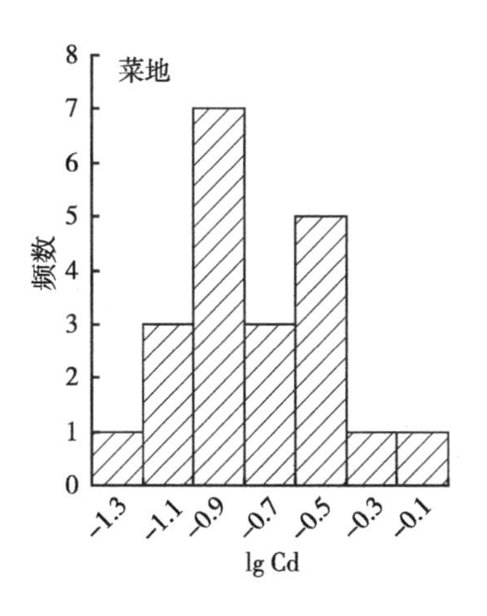

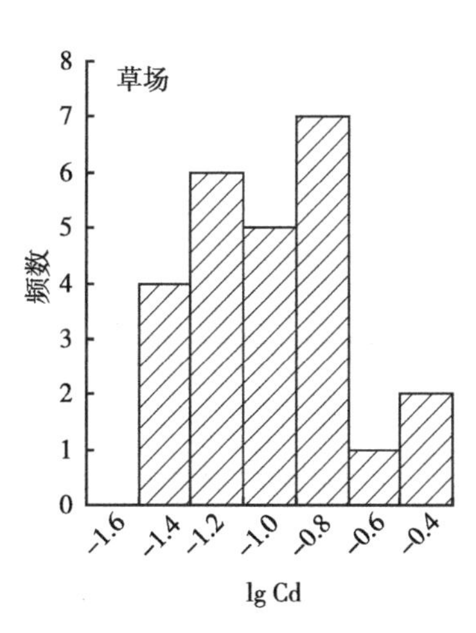

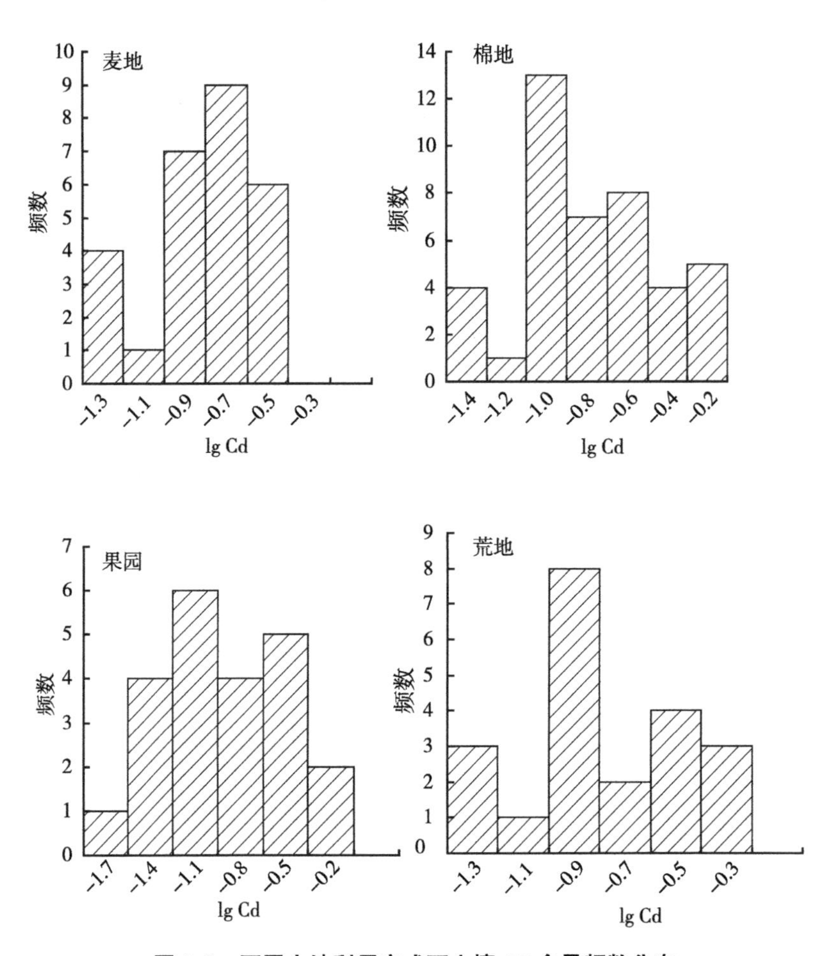

图 2.3 不同土地利用方式下土壤 Cd 含量频数分布

表 2.10　不同土地利用方式下土壤中 Cd 的含量和 pH 值

土地利用方式	样点数	Cd 含量				
		最小值（$mg \cdot kg^{-1}$）	最大值（$mg \cdot kg^{-1}$）	平均值（$mg \cdot kg^{-1}$）	中位数（$mg \cdot kg^{-1}$）	变异系数（%）
菜地	21	0.06	0.54	0.21	0.20	31.22
草场	23	0.03	0.37	0.19	0.19	16.25
麦地	27	0.06	0.51	0.20	0.22	41.41
棉地	42	0.04	0.43	0.22	0.21	38.78
果园	22	0.02	0.41	0.18	0.19	27.59
荒地	21	0.05	0.27	0.11	0.11	21.48
土地利用方式	样点数	pH 值				
		最小值	最大值	平均值	中位数	变异系数（%）
菜地	21	7.32	8.45	7.68	7.52	29.81
草场	23	7.21	8.31	7.56	7.48	29.36
麦地	27	7.12	8.51	7.63	7.55	19.56
棉地	42	7.04	8.35	7.44	7.49	20.19
果园	22	6.91	8.05	7.36	7.48	39.46
荒地	21	7.31	8.61	7.76	7.61	44.23

方差分析表明（表 2.11），棉地的土壤 Cd 含量极显著高于荒地、果园、草场土壤（$P<0.01$），显著高于麦地土壤，而与菜地土壤 Cd 含量差异不显著。菜地土壤 Cd 含量极显著高于荒地和果园土壤，显著高于草场土壤，与麦地土壤差异不显著。麦地土壤 Cd 含量极显著高于荒地土壤，显著高于果园土壤，与草场土壤差异不显著。草场土壤 Cd 含量极显著高于荒地，果园土壤极显著高于荒地。环境中的 Cd 大约有 70%积累在土壤中，环境中 Cd 的来源可能会受到自然以及人为因素的影响。在本研究中发现，部分地区的土壤 Cd 含量与周围地区的样点差异非常明显，主要是由当地的地质背景异常造成的。

表 2.11　不同土地利用方式下土壤 Cd 含量差异分析（SSR 法）

土地利用方式	荒地	果园	草场	麦地	菜地
棉地	19.23**	15.48**	6.89**	3.79*	2.57
菜地	18.49**	6.77**	3.19*	2.94	
麦地	7.36**	3.65*	2.25		
草场	6.01**	1.50			
果园	4.51**				

注：$SSR_{0.05}=3.18$；$SSR_{0.01}=4.11$；** 表示差异极显著（$P<0.01$）；* 表示差异显著（$P<0.05$）。

另外，在取样调查过程中发现，部分区域地膜的使用十分常见，土壤中有大量的塑料残留。而塑料中常添加 Cd 作为稳定剂，因此，塑料的大量使用可能会导致土壤中 Cd 含量的升高。农用土壤中 Cd 含量的升高还会受到磷肥使用的影响。研究发现，磷肥中含有数量不等重金属元素，其中较为突出的是重金属元素 Cd。Williams 和 David（1973）研究发现，澳大利亚的表层土壤 Cd 含量的增加与大量施用过磷酸钙显著相关，并发现长期施用磷肥会导致土壤中的 Cd 升高，这些可能是导致黄河三角洲棉地和菜地土壤 Cd 含量较高的主要原因。

（二）土壤中重金属镉污染评价

选用《土壤环境质量　农用地土壤污染风险管控标准（试行）》（GB 15618—2018）作为土壤重金属污染评价的评价标准。对土壤中重金属 Cd 污染状况采用内梅罗污染指数法进行评价。黄河三角洲不同土地利用方式下土壤 Cd 的污染评价结果见表 2.12。

表 2.12　黄河三角洲不同土地利用方式下的土壤 Cd 污染评价

土地利用方式	内梅罗污染指数	污染等级
棉地	0.77	尚清洁（警戒级）
菜地	0.69	清洁（安全）
麦地	0.57	清洁（安全）

（续表）

土地利用方式	内梅罗污染指数	污染等级
草场	0.36	清洁（安全）
果园	0.34	清洁（安全）
荒地	0.11	清洁（安全）

从表 2.12 可以看出，棉地土壤镉的内梅罗污染指数大于 0.7，污染等级为尚清洁。菜地、果园、麦地、草场和荒地土壤中 Cd 的内梅罗污染指数均小于 0.7，污染等级为清洁（安全）。结果表明，黄河三角洲部分棉地土壤 Cd 含量超标，处于警戒级；菜地、果园、麦地、草场和荒地土壤中 Cd 尚未构成污染。

进一步对采集土壤样品 Cd 含量与土壤 pH 值做 Pearson 相关性分析，结果表明，土壤 Cd 含量与土壤 pH 值之间同样呈极显著正相关关系（$P<0.001$），即土壤样品中的 Cd 含量随 pH 值的增加呈明显升高的趋势（图 2.4）。

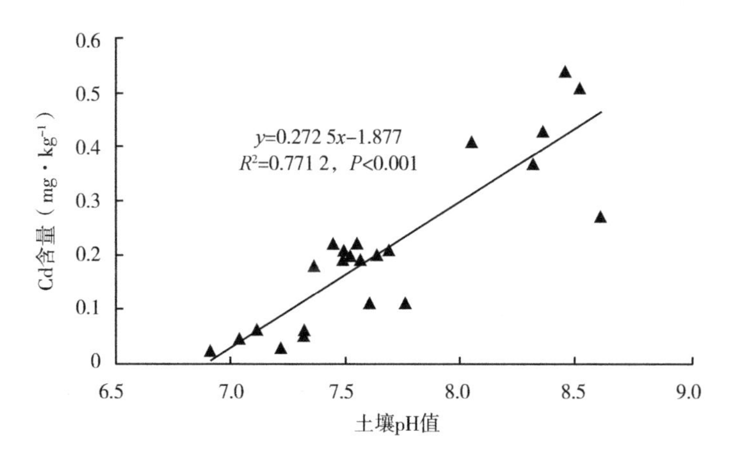

图 2.4 土壤 pH 值对土壤中 Cd 含量的影响

第四节 黄河三角洲土壤重金属铅污染现状与评价

对黄河三角洲滨州市、东营市内相关县、区、镇、村进行了实地考察和土壤采样，分析了该地区土壤中重金属 Pb 含量，在此基础上分析了该地区土壤中重金属 Pb 含量的统计分布特征。采用内梅罗污染指数法对黄河三角洲不同土地利用方式土壤中重金属 Pb 污染状况进行评价。

一、土壤重金属铅污染研究方法

（一）样品的采集与制备

按照《土壤环境监测技术规范》土壤采样的技术要求，利用 GPS 进行定位，结合黄河三角洲土壤石油污染现状调查采样布点情况，同时采集土壤重金属分析土样。根据区域代表性、土地利用差异性相结合的原则，将农田细分为菜地、麦地、棉地和果园，加上草场和荒地，共布置采样点 156 个，分布于滨州市、东营市各县（市、区）。采样时每个采样点设在 50 m×50 m 的范围内。在每一个采样点的采样区域内先用木片采取 9 个表层（0~20 cm）土壤样品并将其混合均匀，然后将混匀后的样品装入 250 mL 棕色广口磨口玻璃瓶内，密封瓶口，装在放有冰块的保温箱中运回实验室冷藏（0~4 ℃）保存。在分析前先将样品风干，然后将其研碎，去掉其中含有的小石子、植物根系、生物残余物及其他杂质，研磨过 0.149 mm 尼龙筛，备用。

（二）样品分析

土壤样品采用王水-过氧化氢消煮，采用石墨炉原子吸收分光光度法测定重金属 Pb 含量。具体操作步骤与测定方法如下。

用 0.000 1 g分析天平准确称量待测土壤 0.5 g 左右，移至锥形瓶中。加 15 mL 王水于盛样锥形瓶中，静置在通风橱中过夜，次日把盛样锥形瓶放在调温电热板或调温电炉上消煮，控制温度，使消煮液保持微沸，可加几粒玻璃珠以防止剧烈沸腾，一小时后，取下冷却，加 7～8 滴 30%过氧化氢消解，重复 2～3 次，而后用 1～2 mL 浓硝酸，加热蒸至近干，注意不要发生煳底，否则将影响结果准确性，重复 2～3 次，取下，加 15 mL 1% HNO_3 溶液加热溶解盐类。同时做两个空白实验，以校正试剂误差。

在 50 mL 容量瓶口放一漏斗及蓝带中孔定量滤纸。将消煮液连同残渣一起倒入滤纸中，用滴管吸热的 1% HNO_3溶液于锥形瓶中，用带橡皮头的玻璃棒将锥形瓶内壁的残渣擦洗下来，并一起倒入漏斗中，这样多次操作，直至锥形瓶中不再留有残渣为止。消煮待测滤液用 1% HNO_3溶液定容于 50 mL 容量瓶中，作为测定全 Pb 的消煮待测液。残渣为 SiO_2，呈白色。吸取 50 mL 滤液于预先加入 100 mL 0.1 mol · L^{-1} HCl 的溶液 250 mL 分液漏斗中，经萃取分离后上机测定。

(三) 数据处理与分析

采用 Excel 2010 和 SPSS 17.0 对所测的数据进行处理分析。

二、土壤重金属铅污染现状与评价

(一) 土壤中铅含量状况

Pb 作为“五毒”元素（Pb、Hg、Cd、Cr、As）之一，具有非生物降解性和较长的生物半衰期，并可通过食物链累积而影响人类健康的特性，因此引起了世界的广泛关注。环境中的 Pb 来源广泛，如汽车尾气排放、燃煤飞灰以及各种工业生产活动等。

植物通过叶子和根系能吸收土壤和空气气溶胶中的 Pb。当土壤和空气等受 Pb 污染时，植物会对 Pb 超积累吸收。过多的 Pb 对植物的影响主要是抑制或不正常地促进某些酶的活性，从而影响光合作用和呼吸作用等生理过程，不利于植物对养分的吸收。植物对 Pb 的吸收除取决于本身遗传特性外，还与土壤中的 Pb 含量及其有效性有关。土壤中 Pb 的移动迁移和生物有效性主要由土壤中 Pb 的沉淀溶解平衡、络合解离平衡和吸附解吸平衡等所控制。

从表 2.13 可以看出，6 种土地利用方式下土壤 Pb 含量平均值大小顺序为草场>棉地>菜地>麦地>果园>荒地。草场土壤 Pb 含量范围为 17.42~45.56 $mg \cdot kg^{-1}$，平均值为 27.19 $mg \cdot kg^{-1}$；棉地土壤 Pb 含量范围为 13.74 ~ 40.41 $mg \cdot kg^{-1}$，平均值为 26.78 $mg \cdot kg^{-1}$；荒地土壤 Pb 的含量最少，平均为 21.47 $mg \cdot kg^{-1}$。6 种土地利用方式中，草场土壤 Pb 含量的变异系数为 48.25%，高于其他方式，表明其含量分布极为不均匀，样品间变化较大，这可能与黄河三角洲石油工业的发展，在石油开采、运输过程中造成的周围土壤 Pb 污染较严重有关。各土地利用方式下土壤 Pb 含量频数分布（对数转换后数据）如图 2.5 所示。

表 2.13　不同土地利用方式下土壤中 Pb 的含量

土地利用方式	样点数	Pb 含量				
		最小值 ($mg \cdot kg^{-1}$)	最大值 ($mg \cdot kg^{-1}$)	平均值 ($mg \cdot kg^{-1}$)	中位数 ($mg \cdot kg^{-1}$)	变异系数 (%)
菜地	21	14.73	39.81	25.59	26.01	35.27
草场	23	17.42	45.56	27.19	26.89	48.25
麦地	27	10.56	36.67	24.11	23.98	46.41
棉地	42	13.74	40.41	26.87	26.54	37.75
果园	22	12.17	36.83	22.59	23.01	32.59
荒地	21	13.27	40.78	21.47	20.93	27.48

土地利用方式	样点数	pH 值				
		最小值	最大值	平均值	中位数	变异系数 (%)
菜地	21	7.32	8.45	7.68	7.52	29.81
草场	23	7.21	8.31	7.56	7.48	29.36
麦地	27	7.12	8.51	7.63	7.55	19.56

（续表）

土地利用方式	样点数	pH 值				
		最小值	最大值	平均值	中位数	变异系数（%）
棉地	42	7.04	8.35	7.44	7.49	20.19
果园	22	6.91	8.05	7.36	7.48	39.46
荒地	21	7.31	8.61	7.76	7.61	44.23

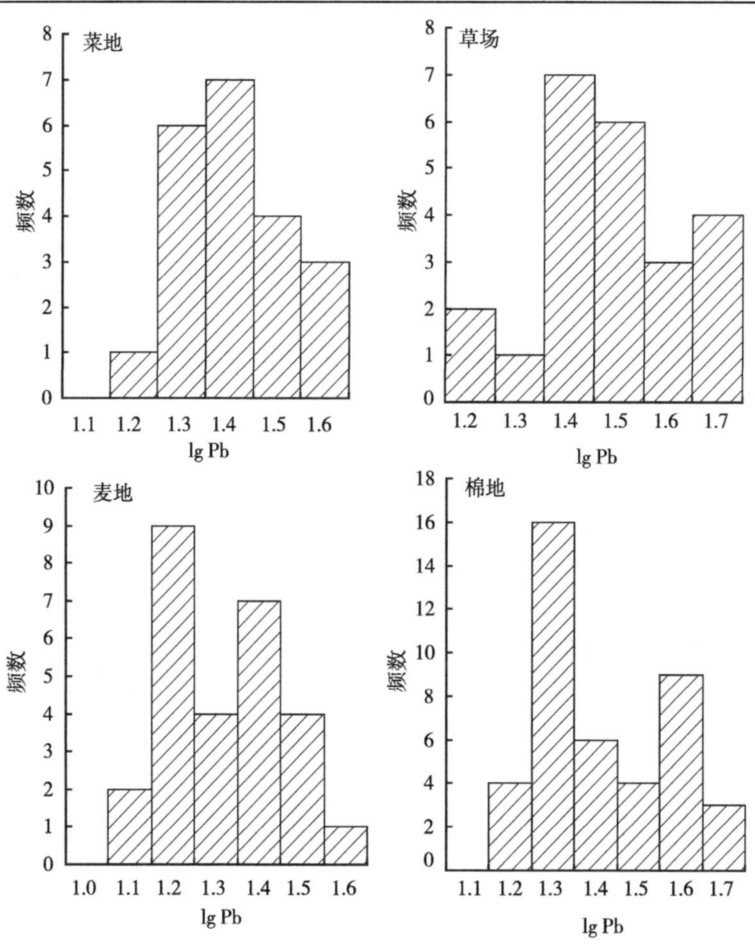

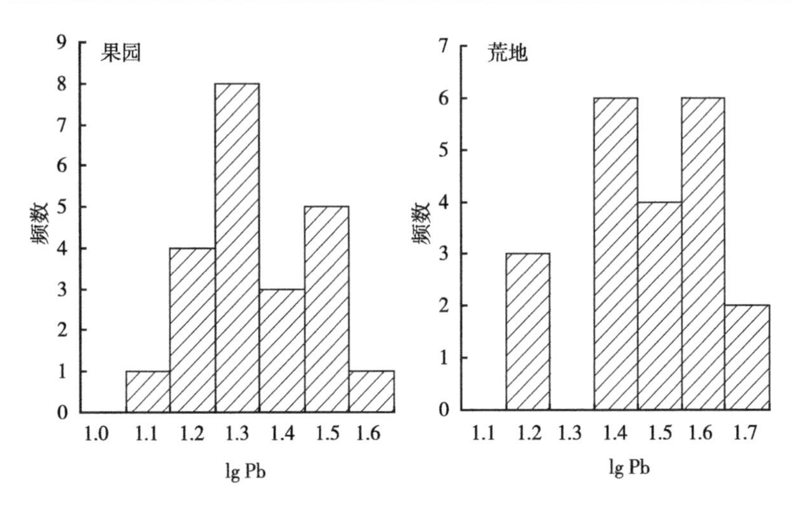

图 2.5 不同土地利用方式下土壤 Pb 含量频数分布

方差分析表明（表 2.14），草场的土壤 Pb 含量显著地高于荒地和果园土壤（$P<0.01$），与菜地、棉地和麦地差异不显著。棉地土壤 Pb 含量显著高于荒地和果园，与麦地和菜地差异不显著。菜地土壤 Pb 含量显著高于荒地，与果园和麦地差异不显著。麦地土壤 Pb 含量显著大于荒地。果园土壤中 Pb 含量与荒地差异不显著。可以看出，不同的土地利用方式对土壤 Pb 含量影响有较大差异。土壤中 Pb 的来源种类较多，其中大气沉降、垃圾填埋等人类活动可能是其比较重要的影响因素。据 Nicholson 等（2003）对英格兰及威尔士农业土壤的研究发现，大气沉降对农业土壤中 Pb 输入的贡献率最大。本研究中黄河三角洲土壤中 Pb 的含量不同土地利用方式之间有差异，但与其他重金属元素比较，不同土地利用方式间差异较小。这可能与 Pb 的污染具有普遍性特征有关。

表 2.14 不同土地利用方式下土壤 Pb 含量差异分析（SSR 法）

土地利用方式	荒地	果园	麦地	菜地	棉地
草场	3.91*	3.78*	2.98	2.56	1.67

（续表）

土地利用方式	荒地	果园	麦地	菜地	棉地
棉地	3.67*	3.19*	2.13	1.98	
菜地	3.49*	3.16	2.25		
麦地	3.25*	2.98			
果园	1.52				

注：$SSR_{0.05}=3.18$；$SSR_{0.01}=4.11$；* 表示差异显著（$P<0.05$）。

（二）土壤中重金属铅污染评价

选用《土壤环境质量　农用地土壤污染风险管控标准（试行）》（GB 15618—2018）作为土壤重金属污染评价的评价标准。对土壤中重金属 Pb 污染状况采用内梅罗污染指数法进行评价。黄河三角洲不同土地利用方式下土壤 Pb 的污染评价结果见表 2.15。

从表 2.15 中可以看出，果园、菜地、棉地、麦地、草场和荒地土壤中 Pb 的内梅罗污染指数都小于 0.7，污染等级均为清洁（安全）。表明黄河三角洲土壤 Pb 含量尚未构成土壤污染。

表 2.15　黄河三角洲不同土地利用方式下的土壤 Pb 污染评价

土地利用方式	内梅罗污染指数	污染等级
草场	0.56	清洁（安全）
棉地	0.31	清洁（安全）
菜地	0.26	清洁（安全）
麦地	0.19	清洁（安全）
果园	0.11	清洁（安全）
荒地	0.10	清洁（安全）

对采样点土壤 pH 值和土壤 Pb 含量进行 Pearson 相关性分析，发现土壤 Pb 含量受 pH 值影响十分显著（$P<0.001$），土壤样品 Pb 含量随 pH 值的增加呈单调递增的变化趋势，当土壤 pH 值达到 8.0 以上时，土壤 Pb 含量明显增大（图 2.6）。

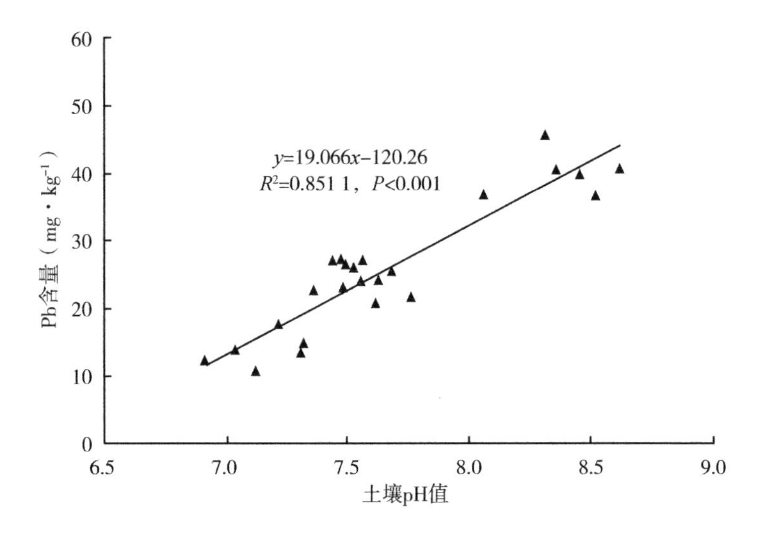

图 2.6 土壤样品 Pb 含量与 pH 值相关性分析

第五节 黄河三角洲土壤重金属锌污染现状与评价

对黄河三角洲滨州市、东营市进行了实地考察和土壤采样，分析了该地区土壤中重金属 Zn 含量，在此基础上分析了该地区土壤中重金属 Zn 含量统计分布特征。采用内梅罗污染指数法对黄河三角洲不同土地利用方式土壤中重金属 Zn 污染状况进行评价。

一、土壤重金属锌污染研究方法

（一）样品的采集与制备

按照《土壤环境监测技术规范》土壤采样的技术要求，利用GPS进行定位，结合黄河三角洲土壤石油污染现状调查采样布点情况，同时采集土壤重金属分析土样。根据区域代表性、土地利用差异性相结合的原则，将农田细分为菜地、麦地、棉地和果园，加上草场和荒地，共布置采样点156个。采样时每个采样点设在50 m×50 m的范围内。在每一个采样点的采样区域内先用木片采取9个表层（0~20 cm）土壤样品并将其混合均匀，然后将混匀后的样品装入250 mL棕色广口磨口玻璃瓶内，密封瓶口，装在放有冰块的保温箱中运回实验室冷藏（0~4 ℃）保存。在分析前先将样品风干，然后将其研碎，去掉其中含有的小石子、植物根系、生物残余物及其他杂质，研磨过0. 149 mm尼龙筛，备用。

（二）样品分析

先用王水-过氧化氢对土壤样品加以消煮，后采用火焰原子吸收分光光度法对土壤中重金属Zn含量进行测定。具体方法与操作如下。

用0. 000 1 g分析天平准确称量待测土壤约0. 5 g，移至锥形瓶中。加15 mL王水于盛样锥形瓶中，静置在通风橱中过夜，次日把盛样锥形瓶放在调温电热板或调温电炉上消煮，控制温度，使消煮液保持微沸，可加几粒玻璃珠以防止剧烈沸腾，1 h后，取下冷却，加7~8滴30%过氧化氢消解，重复2~3次，而后用1~2 mL浓硝酸，加热蒸至近干，注意不要发生煳底，否则将影响结果数据的准确性，重复2~3次，取下，加15 mL 1% HNO_3溶液加热溶解盐类。同时做两个空白实验，以校正试剂误差。

在 50 mL 容量瓶口放一漏斗及蓝带中孔定量滤纸。将消煮液连同残渣一起倒入滤纸中，用滴管吸热的 1% HNO_3溶液于锥形瓶中，用橡皮头玻璃棒将锥形瓶内壁的残渣擦洗下来，并一起倒入漏斗中，这样多次操作，直至锥形瓶中不再留有残渣为止。消煮待测滤液用 1% HNO_3溶液定容于 50 mL 容量瓶中，作为测定全 Zn 的消煮待测液。残渣为 SiO_2，呈白色。吸取 50 mL 滤液于预先加入 100 mL 0.1 mol · L^{-1} HCl 溶液的 250 mL 分液漏斗中，经萃取分离后上机测定。

（三）数据处理与分析

采用 Excel 2010 和 SPSS 17.0 对所测的数据进行处理分析。

二、土壤重金属锌污染现状与评价

（一）土壤中锌含量状况

Zn 既是重要的营养元素，也是污染元素。当植物 Zn 含量过低（10 ~ 20 mg · kg^{-1}）时，就发生 Zn 缺乏；反之，过高（>50 mg · kg^{-1}）时就往往发生 Zn 中毒。Zn 对植物的毒害首先表现在抑制光合作用，减少 CO_2固定，其次影响韧皮部的输送作用，改变细胞膜渗透性，从而导致生长减缓、受阻和失绿症。

各土地利用方式下土壤 Zn 含量频数分布（对数转换后数据）如图 2.7 所示。6 种土地利用方式下土壤 Zn 含量平均值大小顺序为草场>荒地>棉地>果园>菜地>麦地（表 2.16），其中，草场、荒地、棉地、果园和菜地土壤中 Zn 含量平均值高于山东省土壤 Zn 背景值，麦地土壤 Zn 含量平均值均低于山东省土壤 Zn 背景值。草场土壤 Zn 含量范围为 17.12~119.56 mg · kg^{-1}。6 种土地利用方式中，果园和麦地土壤 Zn 含量的变异系数分别为 61.12%和 60.68%，高于其他 4 种方式，表明其含量分布极为不均匀，样品间变化较大，土壤受到人为扰动较大。而荒地土壤 Zn 含量变异系数为 57.41%，样品间变化也较大。这可能与黄河三角洲土壤中 Zn 受扰动较大及地质条件有关。

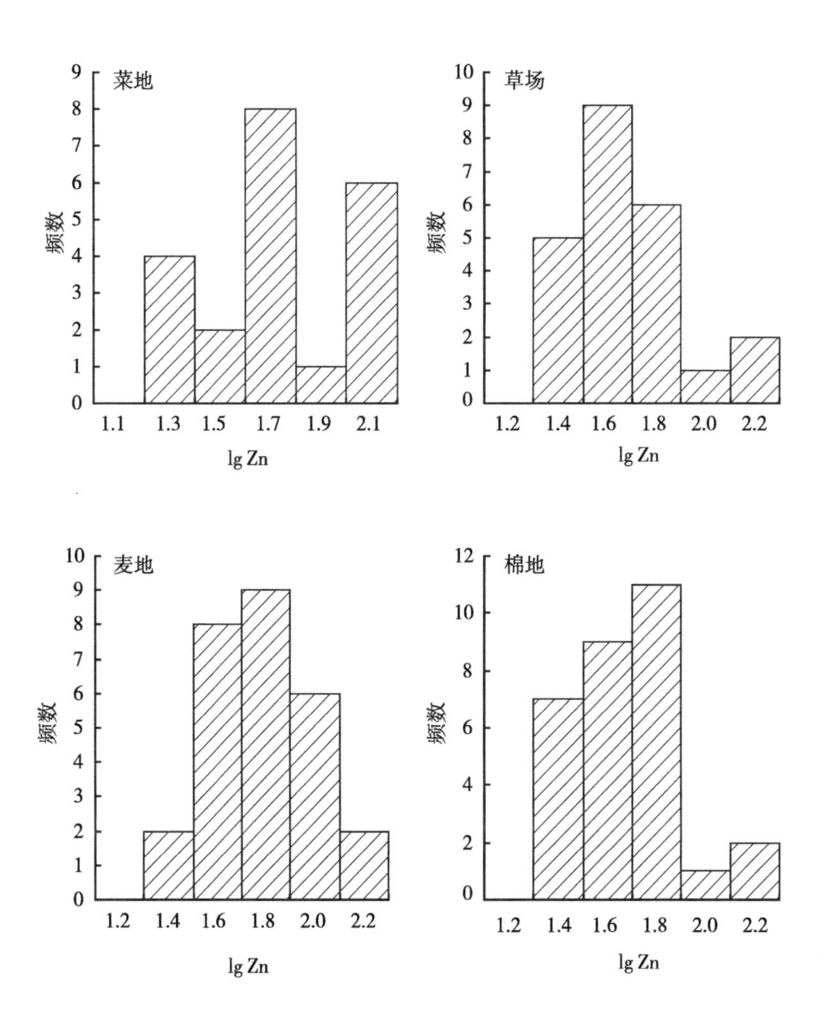

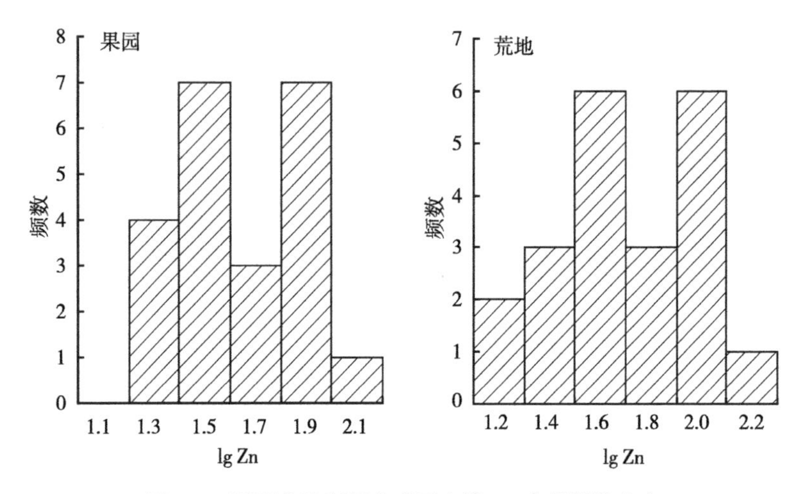

图 2.7 不同土地利用方式下土壤 Zn 含量频数分布

表 2.16 不同土地利用方式下土壤中 Zn 的含量

土地利用方式	样点数	Zn 含量				
		最小值 (mg · kg^{-1})	最大值 (mg · kg^{-1})	平均值 (mg · kg^{-1})	中位数 (mg · kg^{-1})	变异系数 (%)
菜地	21	15.73	107.81	62.54	63.89	54.21
草场	23	17.12	119.56	79.19	76.19	41.25
麦地	27	16.71	104.22	61.12	61.16	60.68
棉地	42	19.61	123.67	67.01	69.77	54.27
果园	22	14.17	117.93	63.19	64.89	61.12
荒地	21	18.21	121.51	71.49	59.95	57.41

土地利用方式	样点数	pH 值				
		最小值	最大值	平均值	中位数	变异系数 (%)
菜地	21	7.32	8.45	7.68	7.52	29.81
草场	23	7.21	8.31	7.56	7.48	29.36
麦地	27	7.12	8.51	7.63	7.55	19.56
棉地	42	7.04	8.35	7.44	7.49	20.19
果园	22	6.91	8.05	7.36	7.48	39.46
荒地	21	7.31	8.61	7.76	7.61	44.23

方差分析表明（表2.17），草场土壤Zn含量极显著高于麦地、菜地、果园和棉地（$P<0.01$），草场土壤Zn含量与荒地差异不显著。荒地土壤Zn含量极显著高于麦地、菜地、果园，显著高于棉地。棉地与菜地土壤Zn含量差异显著，果园、菜地、麦地之间差异不显著。可以看出，不同的土地利用方式对土壤Zn含量影响有较大差异。

表2.17　不同土地利用方式下土壤Zn含量差异分析（SSR法）

土地利用方式	麦地	菜地	果园	棉地	荒地
草场	8.56**	6.23**	4.77**	3.28*	2.19
荒地	7.26**	5.69**	4.19**	3.94*	
棉地	3.36*	1.68	1.09		
果园	2.86	0.46			
菜地	2.55				

注：$SSR_{0.05}=3.18$；$SSR_{0.01}=4.11$；** 表示差异极显著（$P<0.01$）；* 表示差异显著（$P<0.05$）。

目前，农业土壤可能会施用Zn肥和含Zn农药，这也是导致其土壤中Zn含量升高的原因。禽畜粪便等被认为是土壤Zn的主要来源，其Zn含量为100~207 mg·kg^{-1}，长期施用有机肥可使土壤Zn含量提高5%~30%；而施用过磷酸钙、复合肥等含Zn化肥和含Zn农药（如代森锌）也会使土壤Zn升高。由于人类活动对黄河三角洲的影响不断加大，围垦、污染等大量人类活动对水文生态系统保护造成了严重威胁，Zn肥和含Zn农药的施用，也是导致其土壤中Zn累积升高的原因。但研究结果表明，黄河三角洲土壤中Zn虽有一定的累积，但农业土壤Zn含量低于草场和荒地，这可能与该地区地质环境元素含量背景值有关。

（二）土壤中重金属锌污染评价

选用《土壤环境质量　农用地土壤污染风险管控标准（试行）》（GB 15618—2018）作为土壤重金属污染评价的评价标准。对土壤中重金属Zn污染状况采用内梅罗污染指数法进行评价。

黄河三角洲不同土地利用方式下土壤 Zn 污染的评价结果见表 2.18。果园、菜地、棉地、麦地、草场和荒地土壤中 Zn 的内梅罗污染指数都小于 0.7，污染等级均为清洁（安全），表明黄河三角洲土壤 Zn 含量尚未构成土壤污染。

表 2.18　黄河三角洲不同土地利用方式下的土壤 Zn 污染评价

土地利用方式	内梅罗污染指数	污染等级
草场	0.41	清洁（安全）
荒地	0.36	清洁（安全）
棉地	0.17	清洁（安全）
果园	0.14	清洁（安全）
菜地	0.08	清洁（安全）
麦地	0.06	清洁（安全）

对采样点土壤 pH 值和土壤 Zn 含量进行 Pearson 相关性分析，发现土壤 Zn 含量受 pH 值影响十分显著（$P<0.001$），土壤样品 Zn 含量随 pH 值的增加而增高，当土壤 pH 值达到 8.0 以上时，所调查采集的土壤样品中的 Zn 含量达到最高水平（图 2.8）。

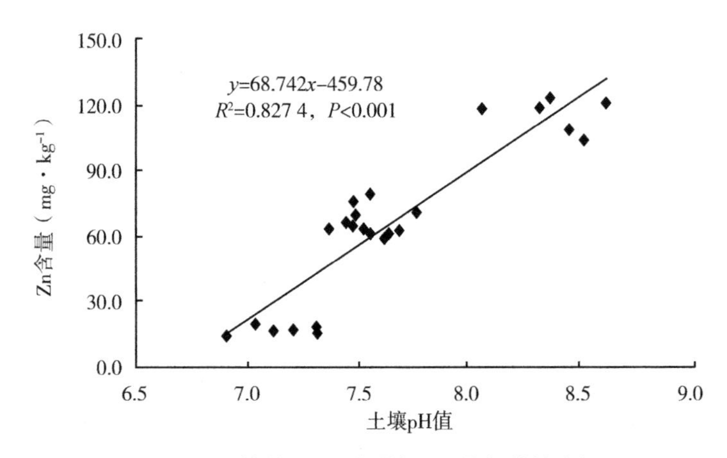

图 2.8　土壤样品 Zn 含量与 pH 值相关性分析

第六节　黄河三角洲土壤重金属污染的综合评价

当评定区域内土壤质量作为一个整体与外区域土壤质量比较，或土壤同时被多种重金属元素污染时，需将单项污染指数按一定方法综合起来应用综合污染指数法进行评价。综合污染评价采用兼顾单元素污染指数平均值和最大值的内梅罗污染指数法（P_N）。该方法不仅突出了高浓度污染物对土壤环境质量的影响，而且能反映出各种污染物对土壤环境的作用，将研究区域土壤环境质量作为一个整体与外区域或历史资料进行比较。

根据 P_N 的大小，可将土壤污染程度划分为 5 级。不同土地利用方式下的土壤综合污染指数评价结果见表 2. 19。由表 2. 19 可以看出，菜地、麦地、草场和荒地土壤 70%以上处于清洁或尚清洁级别，中度污染级别低于 10%。棉地土壤 53%处于清洁或尚清洁级别，14. 6%处于中度污染级别，5. 6%处于重度污染级别。果园土壤 39%处于清洁或尚清洁级别，17. 1%处于中度污染级别。表明黄河三角洲棉地和果园受重金属污染严重。

表 2. 19　不同土地利用方式下的土壤综合污染指数评价

综合污染指数	棉地（%）	菜地（%）	麦地（%）	草场（%）	果园（%）	荒地（%）	污染等级
$P_N \leq 0.7$	28. 9	41. 2	49. 2	55. 9	17. 6	59. 1	清洁（安全）
$0.7 < P_N \leq 1.0$	24. 1	34. 9	33. 7	24. 1	21. 5	22. 7	尚清洁(警戒级)
$1.0 < P_N \leq 2.0$	26. 8	16. 3	10. 9	11. 2	35. 1	10. 4	轻度污染
$2.0 < P_N \leq 3.0$	14. 6	6. 1	4. 1	6. 9	17. 1	4. 7	中度污染
$P_N > 3.0$	5. 6	1. 5	2. 1	1. 9	8. 7	3. 1	重污染

综上可知，黄河三角洲土壤中重金属元素来源途径有自然来源和人为干扰输入。其主要来源有大气沉降、污水灌溉和工农业生产

等方面。该地区不同土地利用方式下土壤重金属含量差异明显。其中，6种土地利用方式下土壤Cu含量大小顺序：果园>菜地>棉地>麦地>草场>荒地；土壤Zn含量大小顺序：草场>荒地>棉地>果园>菜地>麦地；土壤Pb含量：草场>棉地>菜地>麦地>果园>荒地；土壤Cd含量大小顺序：棉地>菜地>麦地>草场>果园>荒地。采用内梅罗污染指数法评价黄河三角洲不同土地利用方式下土壤中重金属元素的污染等级，除果园土壤中Cu和棉地中Cd处于尚清洁级别外，菜地、麦地、草场和荒地土壤中Cu、Zn、Pb、Cd都为清洁级，表明黄河三角洲土壤受Cu、Zn、Pb、Cd 4种重金属污染较轻。综合污染评价表明，棉地和果园受重金属污染严重。

第三章　黄河三角洲土壤石油污染现状与评价

黄河三角洲是我国东部沿海一带最重要的石油富集地区之一，又是我国北部沿海地带农业发展潜力最大的地段之一。黄河三角洲中的胜利油田现已建设成为全国第二大石油工业基地。“十一五”期间，胜利油田的勘探面积扩大到$20\times10^4 km^2$，油气资源总量达$145\times10^{10} kg$，自投入开发以来，已累计生产原油$9.62\times10^{10} kg$，约占同期全国原油产量的1/5。黄河三角洲发展的最大优势在于石油，石油资源丰富是黄河三角洲开发的强大推动力。但是，在石油开采、集输、储运、炼制和新发现油田的井下作业等环节，有含油气相（烃类气体）、液相（含油废水）、固相（污油、落地油）废弃物产生，对土壤造成石油污染。石油类污染物进入土壤后，会破坏土壤结构，使土壤质量下降，生态、生产功能降低，甚至丧失，进而导致人地矛盾更加突出。同时，石油组分复杂，持久性较强，其中有些成分还具有“三致”作用，一旦经土壤进入农产品、地下水等介质中，会对生态环境、农产品安全和人体健康造成严重威胁。因此，明晰黄河三角洲土壤石油污染来源，摸清黄河三角洲土壤石油污染现状，可为进一步保护和治理黄河三角洲石油污染土壤提供理论依据。

第一节　黄河三角洲土壤石油污染源分析

土壤的石油污染来源比较复杂，不仅石油开采、集输、储运和炼制等过程中可产生石油污染，在新发现油田的井下作业等环节产生的含油气、含油废水、污油、落地油等也可直接进入土体从而污染土壤。由于水、大气等环境中的石油类污染物最终归宿也为土壤，故其也成为土壤石油污染的来源。

本节在对黄河三角洲各市县实地调查和收集大量相关文献资料的基础上，分析了黄河三角洲土壤石油污染物的主要直接来源和间接来源（水、大气等）。

一、土壤石油污染的直接来源

黄河三角洲石油生产主要集中于东营凹陷、沾化凹陷、东镇凹陷和惠民凹陷等几个构造区，土壤石油污染的直接来源主要由钻井污染、采油污染及采油废水污染 3 部分构成，其主要污染物排放单位和排放量见表 3.1。

表 3.1　土壤石油污染物排放单位及排放量统计表　　单位：$\times 10^8$ kg

序号	单位	落地油	钻井岩屑	废弃泥浆	油泥
1	钻井一公司		2.00	2.34	
2	钻井二公司		3.65	4.27	
3	钻井三公司		2.43	2.85	
4	钻井四公司		3.30	3.86	
5	钻井五公司		3.51	4.11	
6	钻井六公司		1.78	2.08	
7	孤东采油厂	0.40		1.20	7.72
8	孤岛采油厂	4.30		0.51	2.01
9	桩西采油厂	7.22		0.50	0.27
10	河口采油厂	1.16		0.51	1.14
11	胜利采油厂	2.11		0.50	1.63
12	现河采油厂	2.22		2.54	0.87
13	东辛采油厂	3.71		0.50	0.48
	合计	21.12	16.67	25.78	14.12

（一）钻井污染源

钻井污染源包括非钻井液污染源和钻井岩屑污染源等。非钻井液污染源是指钻井过程中和完井后以各种方式进入土壤环境的废钻井液。钻井液处理剂种类有无机物、有机聚合物、油类及加重材料。据统计，每口井的钻井废液有 200～300 m^3，虽尽力回收，但仍有较大数量的废液进入土壤中。这些钻井液中某些油类和有机聚合物对土壤环境有较大影响，如有机聚合物使废钻井液的化学需氧量（COD）增加，许多废钻井液中的有害物质含量都大大超过国家规定的排放标准。因此，废钻井液已成为石油开发过程中对环境有影响的、排放量较大的废物之一。

钻井岩屑污染源，是指经过钻头破碎、随钻井返至地面的地层岩石碎屑，经振动筛与钻井液分离后进入沉砂池，每口井因井深不同岩屑产量为 50～300 m^3。岩屑除因受泥浆浸泡、油浸等具有废钻井液的污染特征外，还因岩屑岩性不同而对土壤环境有不同的影响，如碳酸盐岩屑，主要成分有碳酸钙和碳酸镁；生油盐类的油页岩和油泥岩，含有较多的沥青质和油母质等高分子有机物。这些污染物一旦进入土壤则很难降解。据污染调查统计，外排岩屑 $16.69\times10^3 kg \cdot a^{-1}$。

落地油、柴油、机油污染物，指钻井过程中废钻井液、废岩屑中含油，冬季井场锅炉房原油、机房、成品油储油装置、动力系统等跑冒滴漏，及用水冲洗等落地和偶发事件引起。钻井井喷是钻井过程中钻遇高压气油层时因地层压力过高或泥浆处理工程措施不当引起，虽然发生率很低，但一旦发生就会造成大面积原油洒落地面，进而造成植物死亡和土壤污染。原油及成晶油中含高分子石油烃及环芳烃组合，能在土壤中集聚并在植物根系上生成一种黏膜阻碍根系呼吸和对营养成分的吸收，且能引起根系腐烂。

（二）采油污染源

采油是指开采出来的油气水混合液汇集到计量站，经油气分离系统形成成品原油，在此过程中主要产生以下污染。

落地油污染源，指在试油、修井、洗井过程中进入土壤环境原油及油井喷溢管道泄漏的原油，是油气资源开发建设造成土壤污染的主要污染物，主要成分为石蜡族芳烃、环烷烃和芳烃等，胜利油田原油含蜡少，含硫低，为低凝芳烃原油，中性常温下，落地油水性成分很少，据测定水溶性油只占总油量的0.77%。原油外泄或散落到地面以后，在自然条件下残留到地表的原油经过风吹日晒，往往呈现片状的黑色块状油污，不易清理。原油是高分子化合物，落地后迁移能力弱，很难下渗，虽然各采油厂专门成立落地油污油回收队伍负责回收，但仍然有一部分残留地表。

含油污泥（油砂）污染源，指原油采出液带到地面的固体颗粒，包括除砂器分离、压力容器底部及大罐、隔油池等清底污、污水重量系统分离污泥，其产生主要与地质条件、地层水质类型、工艺条件、处理工艺和处理药剂种类有关。胜利油田已进入综合高含水期，泵出液量显著增大，含有污染量也随之增大。据东营市境内孤东油田统计，每1 000 kg采出液含砂 4.84 kg，每1 000 kg原油含砂 23.9 kg。在稠油热采三次采油的区块，污泥含量可达1%左右，并且大量使用化学处理剂，如聚合物驱油等，而使污泥成分复杂化，增大了处理难度。含油污泥的主要污染物为石油类。

作业废弃泥浆污染源，指油井在试油、大修、酸化压裂等施工过程中、完工后废弃于现场的泥浆池、储油池中之废液，因多为收集钻井泥浆稍加处理使用，故成分可以与废弃泥浆类同，但增加了含原油量和油层处理废液等成分。

（三）采油废水污染源

采油废水污染源，指石油开采过程中，采出原油含水经过一系列工业流程油水分离后，进污水站除油处理并回收污水中油。大部分处理后水输送至注水站回注地下驱油和平衡地层压力，但仍有一小部分外排，经油区河流水系进入莱州湾，因取水污灌影响农田质量或对滩涂、潮间带土壤构成污染。

从调查结果看，在试油、修井、洗井过程中进入土壤环境的原油及油井喷溢、管道泄漏等导致的落地油是土壤污染的主要污染物，它所造成的污染是长期的和大面积的。黄河三角洲采油井场和其他工作现场都存在落地油污染问题，据统计，胜利油田每年进入环境的落地油约为6.12×10^{7}kg。落地油经过降雨侵蚀和冲刷等一系列水文过程搬运及人为因素的影响，而形成一个大的面源，累年叠加，使整个油区均受到不同程度的影响。对土壤环境的影响受井网密度、开发年代、地形特征和土地类型控制。一般井网密度高，开发年代久，地形低洼则受影响严重。土壤类型不同，土壤背景值不同，反映出不同的土壤理化性质和土壤对外来污染物的降解能力。

二、土壤石油污染的间接来源

（一）土壤石油污染的水环境来源

石油在开采、储运、炼制等环节产生的含油废水、污油、落地油等易随水体下渗或地表径流，污染地下水和地表水，污染水体又通过灌溉等污染土壤，成为土壤石油污染的一个主要间接来源。石油在开发过程中产生的地表水、地下水含油污染物见表3.2、表3.3。

表 3.2　石油开发过程中的地表水石油污染物

开发期	工程活动	污染物
项目建设期	钻生产井	钻井污水
	井下作业	井下反排的含油废水废液
投产运行期	开挖管沟及道路建设	管线泄漏物
	井下作业	落地油、洗井水、含油污水［事故状态，如暴雨径流时］
	油气集输和处理	含油污水
油田衰亡期及服役期满		原油及含油污水［注水管网及输油管线、掺水管线发生破裂、穿孔时］

表 3.3　石油开发过程中的地下水石油污染物

开发期	工程活动	污染物
地质勘查期	钻探井	钻井污水和废弃泥浆、岩屑
	试油、试采、井下作业	含油废水废液
项目建设期	钻生产井	钻井污水、废弃泥浆、岩屑
	井下作业	井下反排的含油废水废液
投产运行期	油水井作业	落地油
	井下作业	落地油、洗井水、含油污水
	管道建设	管线泄漏物
	油气集输和处理	含油污水
油田衰亡期及服役期满		原油及含油污水

据调查，黄河三角洲地表水和地下水都不同程度地受到石油污染，受到污染的地下水主要是浅层地下水。有关资料表明，部分地区石油类污染物的检出率为100%。

根据黄河三角洲地表水分布的基本格局，胜利油田所排工业废水主要分4条途径，最终排入渤海。孤岛地区废水经神仙沟排入渤海湾；河口地区废水经挑河排入渤海湾；东营地区废水经广利河排入莱州湾。孤岛采油厂和桩西采油厂属滨海滩涂油田，工业废水主要经过各排涝站提升泵，直接排入莱州湾和渤海湾。因此，受纳油田污水的河流主要有挑河、神仙沟、支脉河、广利河、溢洪河，此外还有武家大沟、广蒲河两条比较小的河段。黄河三角洲主要纳污河流及排污企业见表 3.4。

表 3.4　黄河三角洲主要纳污河流及排污企业

水系名称	河流名称	主要排污口数	主要排污单位
溢洪河	东营河	1	东辛采油厂
	六干排	1	油气集输公司
	溢洪河	2	东辛采油厂
广利河	广蒲沟	2	现河采油厂、工程机械总厂
	广利河	2	东辛采油厂、胜利采油厂
支脉河	工农河	1	纯梁采油厂
	武家大沟	1	现河采油厂
	广蒲河	3	总机械厂、石油化工开发总公司、胜利发电厂
	小清河	1	现河采油厂
	神仙沟	4	孤岛采油厂、油气集输公司
	挑河	1	河口采油厂
	渤海湾	11	孤岛采油厂排涝站、桩西采油厂排涝站

黄河三角洲 2009 年工业源废水及石油类污染物排放情况见表 3.5。可以看出，对黄河三角洲水体石油污染产生影响的主要是石油企业的工业废水排放。其中，石油加工、炼焦及核燃料加工业工业废水中的石油类污染物排放量最大，占所有工业源排放量的 46.42%；石油、天然气开采业次之，占 27.13%；再者为化学原料及化学制品制造业、交通运输设备制造业和金属制造业。其中，2009 年滨州市工业废水排放量为 13 448.01 万 m^3，石油类为 187.89×10^3 kg，占本地区工业废水中石油类污染物总排放量的

40.45%。东营市工业废水排放量为8 836.99×10^5 m^3，石油类为153.19×10^3 kg，占本地区工业废水中石油类污染物总排放量的32.98%。

表3.5 黄河三角洲2009年工业源废水及石油类污染物排放情况

工业源	废水排放量（×10^5 m^3）	石油类（×10^{3}kg）	石油类占总排放量的比例（%）
石油加工、炼焦及核燃料加工业	1 619.28	185.58	46.62
石油和天然气开采业	2 742.52	107.99	27.13
化学原料及化学制品制造业	5 283.46	40.48	10.17
交通运输设备制造业	283.67	20.47	5.14
金属制品业	40.22	17.88	4.49
通信设备制造业	22.22	7.62	1.91
黑色金属冶炼及压延加工业	42.73	7.41	1.86
橡胶制品业	440.38	7.23	1.82
皮革、毛皮、羽毛（绒）及其制造业	823.62	0.97	0.24
医药制造业	147.67	0.78	0.20
专用设备制造业	10.43	0.60	0.15
有色金属冶炼及压延加工业	45.44	0.43	0.11
纺织业	5 573.53	0.36	0.09
木材加工及木、竹、藤、棕、草制品业	22.66	0.30	0.08
非金属矿物制品业	22.23	0.01	0.00
合计	17 120.06	398.11	

石油开采过程中，以采油产生的废水最多，其中，采油与炼化两大部门构成了主要污染部门，见图3.1。采油部门等标污染负荷比为74.85%，是第一工业含油废水污染行业。炼化部门仅次于采油部门，等标污染负荷比为17.36%，是第二工业废水污染行业。

两者等标污染负荷累计百分比为92.21%。油水井作业过程中，也可产生废水，由于一般都进干线，实行无污染作业，仅有少量废水排入井场土池中。据调查，工业含油废水主要污染企业有5个，其中4个是采油厂。现河采油厂等标污染负荷比为41.59%，是第一工业废水污染企业。其余按等标污染负荷比大小顺序依次为石油化工开发总公司、东辛采油厂、孤岛采油厂和孤东采油厂，其等标污染负荷比依次是17.36%、12.89%、10.24%和6.63%。以上5个单位的等标污染负荷累加比达88.71%，是主要的工业含油废水污染企业。

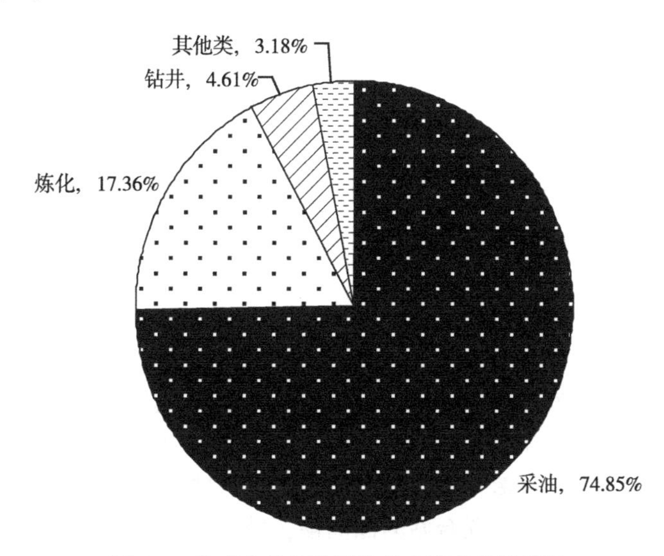

图3.1 造成水体石油污染的主要单位贡献量

（二）黄河三角洲土壤石油污染的大气环境来源

黄河三角洲工业废气排放量为271.6×10^8 m^3，其中43.2%来自油田开采和石油加工业，36.7%来自电力蒸汽热水供应业，2.36%来自石油化学工业。以胜利油田为例，其1998—2006年工业废气排放量见表3.6。黄河三角洲油田开发工程的大气污染源较多，除遍布整个油区的钻井井场、采油井外，原油接转站、联台站、注水站、油田开发辅助工程及运输车辆也都是油田开发大气污染源的组成部分。单井可看成是一个小污染源，由众多油井组成的油区则是一个面源，一个油田可能由多个这样的油区组成。因此，油气田开发过程中的大气污染源，既有大范围的面源，又有单个点源。

表3.6 胜利油田1998—2006年工业废气排放量 单位：10^8 m^3

年份	工业废气排放量
1998	268.73
1999	253.46
2000	219.11
2001	262.00
2002	235.05
2004	277.00
2005	285.00
2006	279.00

油气田开发过程中产生的废气主要为生产工艺废气，其污染物排放量约占油气田开发所产生的大气污染物总量的74%，其主要污染物为总烃和一氧化碳。生产工艺废气的排放源包括油井、气井和计量站、接转站、联台站的储油罐，另外，机动车辆排放的尾气也计入生产工艺废气。生产工艺废气排放量最多的生产部门是采油（气）部门，其排放的污染物约占总量的67.3%，其主要污染物为总烃。

总烃是油气田大气的特征污染物，也是油气田大气中的主要污染物。其主要产生源有以下3种：一是采油（气）和油气集输，包括井口挥发、储罐的大小“呼吸”以及管线泄漏；二是机动车辆尾气；三是钻井部门的柴油机排气，物探、井下作业等的动力设备也有少量的总烃产生。采油（气）部门的总烃排放量占烃排放总量的94%，是主要的总烃排放部门。油气田开发过程中排放的总烃是资源流失的渠道之一，是排放量最多的污染物。大气环境中的总烃（特别是非甲烷烃）的最大危害是造成二次污染，光化学烟雾的形成就是以这种污染物为必要条件的。

第二节　黄河三角洲土壤石油污染现状与评价

本节对胜利油田主产区滨州市、东营市多个县（市、区）进行了实地考察和土壤采样，分析了该地区土壤中石油类物质的含量，在此基础上分析了该地区土壤中石油类物质含量的统计分布特征。选取典型污染源油井，研究其周围土壤石油烃含量的分布特征。采用内梅罗污染指数法对黄河三角洲不同土地利用方式下土壤石油烃含量及其污染水平进行评价。

一、研究方法

（一）样品的采集与制备

利用GPS定位，按照《土壤环境监测技术规范》土壤采样的技术要求，根据区域代表性、土地利用差异性与油田分布相结合的原则，在黄河三角洲的农田、草场、荒地、油井处，共布置采样点102个，采样点分布于滨州市、东营市各县（市、区）。为了更准确地表明目标污染物的污染状况及来源，采样时每个采样点设在50 m×50 m的范围内。在每一个采样点的采样区域内先用木片采取9个表层（0~20 cm）土壤样品并将其混合均匀，然后将混匀后的样品装入250 mL棕色广口磨口玻璃瓶内，密封瓶口，装在放有冰块的保温箱中运回实验室冷藏（0~4 ℃）保存。在分析前先将样品风干，然后将其研碎，去掉其中含有的小石子、植物根系、生物残余物及其他杂质，混匀研磨后过0.25 mm筛，分析土壤中石油烃含量。

随机选取6口油井，以放射状的方式在东、南、西、北4个方位距井口5 m、10 m、20 m、50 m和100 m处分别采集0~20 cm土层土样。然后装入250 mL棕色广口磨口玻璃瓶内，密封瓶口，装在放有冰块的保温箱中运回实验室冷藏（0~4 ℃）保存。分析土壤中总石油烃含量和饱和烃、芳香烃、胶质、沥青质各组分含量。

（二）样品分析

土壤中含油量的测定采用重量法，略做改进。具体方法：将10.0 g风干过2 mm筛的油泥与等体积的无水Na_2SO_4混匀，用称重的K-D瓶装入适量二氯甲（DCM）经索氏提取器提取24 h。然后将抽提液在减压旋转蒸发仪上减压蒸干，重新称量K-D瓶，计算出总含油量。饱和烃、芳香烃、胶质、沥青质分析参照《岩石中可溶有机物及原油族组分分析》（SY/T 5119—2016）。

（三）数据处理与分析

采用Excel 2010和SPSS 17.0对所测的数据进行处理分析。

二、黄河三角洲土壤总石油烃（TPH）含量状况

在原油开采、集输、储运和新发现油田的井下作业等环节，有含油气、含油废水、污油、落地油等废弃物产生，对土壤造成石油污染。采集102个土样点，其中，农田41个，草场23个，荒地21个，油井处17个。土壤表层（0~20 cm）的总石油烃含量测定统计结果见表3.7。

由表3.7可以看出，农田土壤总石油烃含量较低，平均值为4.19 $mg \cdot kg^{-1}$、变异程度最小，变异系数为16.75%。其次为荒地，样点的土壤总石油烃平均含量为6.78 $mg \cdot kg^{-1}$，其变化范围为3.56~15.89 $mg \cdot kg^{-1}$。农田和荒地土壤总石油烃含量均低于国家农业标准土壤石油类物质含量的临界值（500 $mg \cdot kg^{-1}$）。草场土壤总石油烃含量最小值为4.53 $mg \cdot kg^{-1}$，最大值为623.79 $mg \cdot kg^{-1}$，变

化幅度较大，变异系数达到50.25%，部分样点高于500 mg·kg^{-1}土。这可能是受地势起伏和管理粗放等方面的影响，草场样点的土壤总石油烃含量比农田样点高。油井处各样点土壤总石油烃含量较高，最高值达到26 354.56 mg·kg^{-1}，平均值为16 781.25 mg·kg^{-1}，变异系数达到32.16%，89%的油井处样点石油烃含量高于500 mg·kg^{-1}。总体来看，除油井处及其附近样点易受污油、落地油影响，土壤总石油烃含量较高外，其他样点的土壤总石油烃含量要小得多。根据调查地实际情况和数据分析结果，笔者发现在地形平坦的某油井处土壤总石油烃含量为22 560 mg·kg^{-1}，而距该油井50 m处的某荒地样点土壤总石油烃含量仅7.96 mg·kg^{-1}。在有一定坡度的地方，污油、落地油的影响范围较大，如在距油井50 m的6个草场样点，土壤总石油烃含量平均为245.26 mg·kg^{-1}，在距油井100 m处的某草场样点，土壤总石油烃含量为53.21 mg·kg^{-1}，表明污油、落地油对土壤的污染范围受雨季径流的冲刷及搬运能力的影响。总的来看，污油、落地油对土壤的石油污染局限在有污油、落地油存在的油井等处及其附近的很小范围内。

表3.7　黄河三角洲土壤总石油烃含量统计结果

土地利用方式	样点数	最小值（mg·kg^{-1}）	最大值（mg·kg^{-1}）	平均值（mg·kg^{-1}）	中位数（mg·kg^{-1}）	变异系数（%）
农田	41	1.92	8.94	4.19	4.13	16.75
草场	23	4.53	623.79	213.24	176.21	50.25
荒地	21	3.56	15.89	6.78	6.45	18.91
油井处	17	261.45	26 354.56	16 781.25	16 451.48	32.16

三、土壤总石油烃（TPH）含量分布特征

土地利用通常是把土地的自然生态系统改变为人工生态系统，

是一个自然、社会、经济、技术诸要素结合作用的复杂过程，受诸多方面条件的影响和制约。因此，不同土地利用方式可能对土壤污染物积累产生明显的影响。通过讨论土壤总石油烃含量的分布特征及不同土地利用方式对其含量分布的影响，可正确评价区域土壤石油污染所带来的环境及健康风险。

图 3.2 为农田土壤总石油烃含量的频率分布。结果显示，农田土壤样品总石油烃含量服从一个正态的分布。农田虽然受人类活动干扰大，但是土壤受石油类物质污染还比较小。图 3.3 为草场土壤总石油烃含量的频率分布。结果显示，草场土壤样品总石油烃含量为偏态分布，这可能由于草场地势较复杂、管理粗放的原因。图 3.4 为荒地土壤总石油烃含量的频率分布。结果显示，荒地土壤样品总石油烃含量基本服从正态分布。荒地受人类活动干扰较小，采样点远离油井，土壤受石油类物质污染比较小。图 3.5 为油井处土壤总石油烃含量的频率分布。结果显示，油井处土壤样品总石油烃含量基本为正态分布，这可能由于胜利油田开发较早，现在为清洁生产。在油田开发初期产生的石油污染逐渐

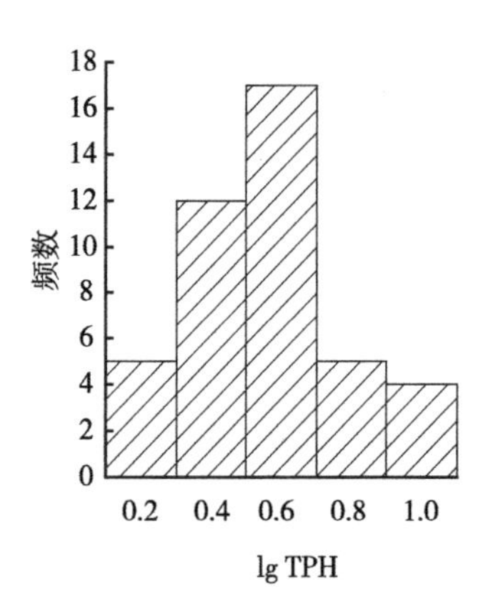

图 3.2　农田土壤总石油烃含量频数分布

被降解，现在胜利油田土壤中的总石油烃含量处于动态平衡，因此服从正态分布。

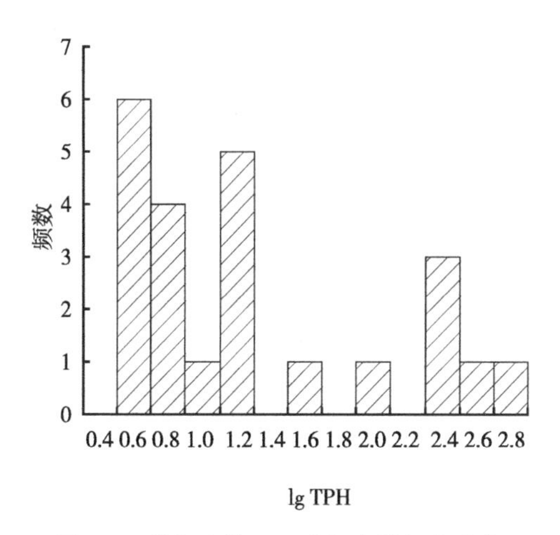

图 3.3　草场土壤总石油烃含量频数分布

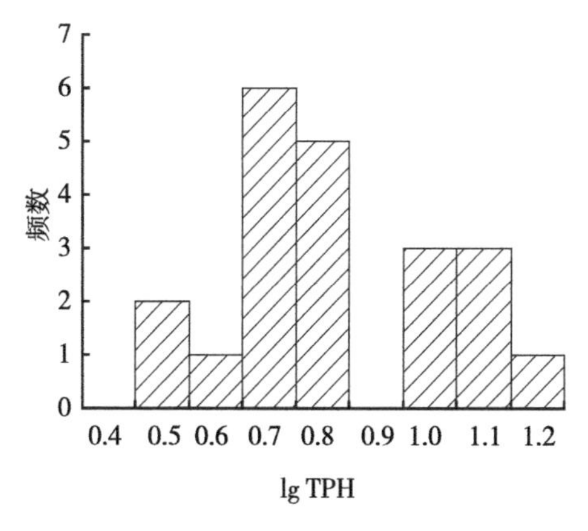

图 3.4　荒地土壤总石油烃含量频数分布

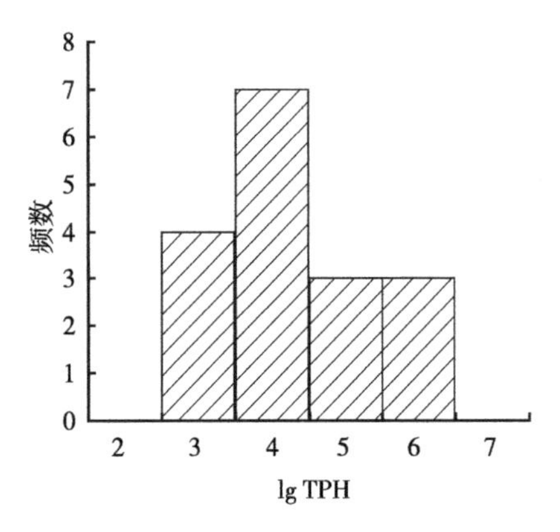

图 3.5　油井处土壤总石油烃含量频数分布

从表 3.8 可以看出，除油井周围外各县（市、区）土壤总石油烃含量均值都低于国家农业标准土壤石油类物质含量的临界值（500 mg · kg^{-1}）。在整体分布上，总石油烃含量在滨州市沾化区北侧较高，其次为东营区及其东南侧和河口区一带，在东营市广饶县、滨州市南侧一带较低。

表 3.8　不同县（市、区）土壤总石油烃含量

县（市、区）	样点数（个）	总石油烃含量（mg · kg^{-1}）
滨城区	8	40.89
惠民县	8	26.13
阳信县	3	31.22
邹平市	7	32.19
无棣县	7	46.79
沾化区	10	53.67
博兴县	5	28.64
河口区	6	47.29

（续表）

县（市、区）	样点数（个）	总石油烃含量（$mg \cdot kg^{-1}$）
利津县	7	40.52
垦利区	12	45.23
东营区	6	48.73
广饶县	6	35.46

四、油井周围土壤中的总石油烃含量

从表 3.9 可以看出，所调查的油井周围土壤中的总石油烃含量基本规律是距油井越远，土壤中总石油烃含量越低。6 个油井周边 5 m 处土壤中总石油烃含量均大大高于临界值（500 $mg \cdot kg^{-1}$）。1#、2#、3#、5#和 6#油井周围 100 m 范围内所采集的土样中总石油烃含量均高于临界值，且距油井 100 m 处土壤中平均总石油烃含量还高达2 000 $mg \cdot kg^{-1}$。距 4#油井 20 m 和 100 m 两处的土壤中总石油烃含量低于临界值。从现场看到，4#油井的周边大部分铺上了碎石，可能减少了落地油等对周边土壤的污染。通过分析距离不同油井土壤样品中石油烃含量，可以初步看出，黄河三角洲油井对周围土壤污染较为严重。

表 3.9　黄河三角洲油井周边土壤中总石油烃含量

单位：$mg \cdot kg^{-1}$

井号	距油井距离				
	5 m	10 m	20 m	50 m	100 m
1#	1 756	1193	15 690	1 631	2 935
2#	13 691	6 953	2 549	1 064	2 116
3#	21 654	29 679	5 932	3 691	2 789
4#	12 568	4 576	269	1 589	113

（续表）

井号	距油井距离				
	5 m	10 m	20 m	50 m	100 m
5#	15 249	16 320	5 146	2 148	2 059
6#	17 589	19 237	6 492	3 116	2 697

图 3.6 为油井附近土壤中烃类物质含量的变化。饱和烃、芳烃、胶质和沥青质的含量曲线极具相似性，其含量的变化趋势在各井变化一致。多数取样井附近的土壤中，饱和烃、芳烃、胶质和沥青质的含量最大值存在于井口附近，这与油田开发过程中落油易在井口处富集的现象相吻合。不同油井周围土壤饱和烃、芳烃、胶质和沥青质的含量不同，1#油井周围土壤中各烃类物质含量大小为胶质>饱和烃>芳烃>沥青质，2#油井周围土壤中为饱和烃>芳烃>胶质>沥青质，3#油井周围土壤中为饱和烃>芳烃>胶质>沥青质，4#、6#油井周围土壤中为饱和烃>胶质>芳烃>沥青质，5#井周围土壤中的 4 种石油物质含量的最大值不是在井口处，可能原因是其样点位于一小水塘附近，受其影响较大。这表明，不同油井周围土壤中各种烃类组分含量可能不同。

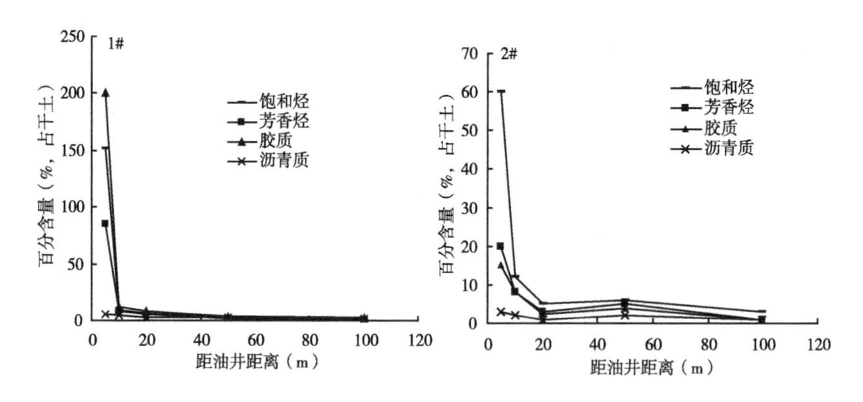

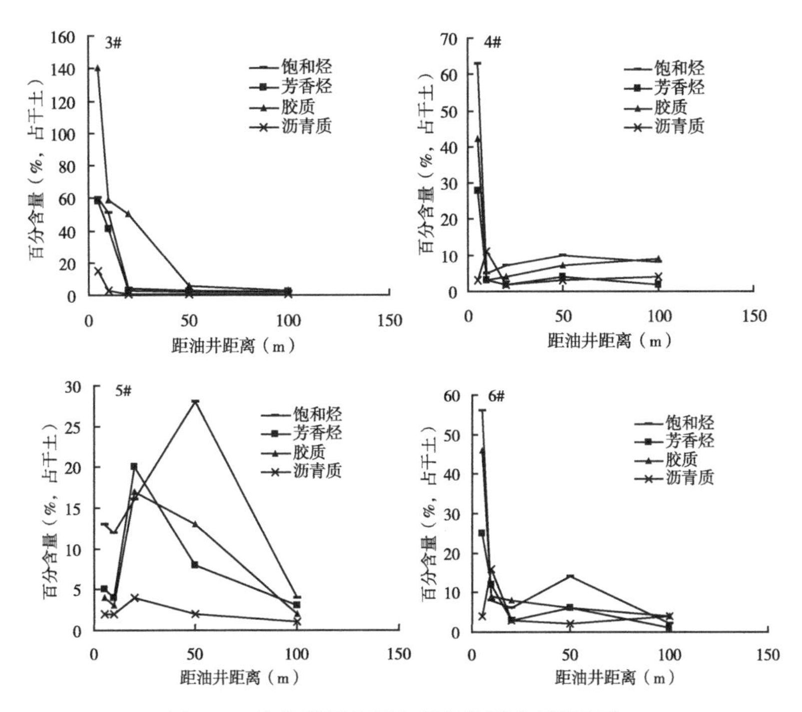

图 3.6　油井附近土壤中烃类物质含量的变化

五、石油烃类物质污染评价

土壤环境质量评价一般以单项污染指数为主，指数越小污染越轻，指数越大则污染越重。其计算公式见式（2-1）。

土壤中石油烃类物质的整体污染状况采用内梅罗污染指数法进行评价，其计算公式见式（2-2）。

内梅罗污染指数（P_N）反映了污染物对土壤的作用，同时突出了高浓度污染物对土壤环境质量的影响，可按内梅罗污染指数划定污染等级。内梅罗污染指数土壤污染评价标准见表 3. 10。

表 3.10　土壤内梅罗污染指数评价标准

等级	内梅罗污染指数	污染等级
Ⅰ	$P_N \leq 0.7$	清洁（安全）
Ⅱ	$0.7 < P_N \leq 1.0$	尚清洁（警戒级）
Ⅲ	$1.0 < P_N \leq 2.0$	轻度污染
Ⅳ	$2.0 < P_N \leq 3.0$	中度污染
Ⅴ	$P_N > 3.0$	重污染

选用国家农业行业标准土壤石油类物质含量的临界值 500 mg · kg^{-1}作为黄河三角洲土壤石油类物质污染评价的评价标准。表 3.11 为黄河三角洲不同土地利用方式下的土壤石油烃污染评价结果。

表 3.11　黄河三角洲不同土地利用方式下的土壤石油烃污染评价

土地利用方式	内梅罗污染指数	污染等级
农田	0.14	清洁（安全）
草场	0.83	尚清洁（警戒级）
荒地	0.16	清洁（安全）
油井处	42.29	重污染

从表 3.11 可以看出，黄河三角洲农田和荒地 $P_N < 0.7$，土壤等级为清洁（安全）。草场 $P_N = 0.83$，为尚清洁土壤，但处于警戒级。油井处 $P_N = 42.29 > 3.0$，说明油井附近土壤已被石油类物质严重污染了。

综上可知，黄河三角洲土壤的石油污染来源比较复杂，石油开采、集输、储运、炼制和新发现油田的井下作业等环节都可以造成土壤的石油污染。其直接来源主要有钻井污染、采油污染及采油废水污染 3 部分，试油、修井、洗井过程中进入土壤环境的原油及油井喷溢、管道泄漏等导致的落地油是土壤污染的主要污染物。采油与炼化两大行业构成了该地区主要石油污染行业。

不同土地利用方式，土壤中总石油烃含量油井处>草场>荒地>农田，农田、荒地和油井处土样总石油烃含量呈正态分布，草场土样总石油烃含量呈偏态分布，土壤总石油烃含量受地形、水流等环境因素影响较大。同时，不同油井周围土壤中的各种烃类组分含量可能不同。采用内梅罗污染指数法评价该地区土壤石油烃污染程度，农田和荒地为清洁等级，草场为尚清洁等级，油井周围为重污染等级，为石油污染土壤修复提供了重要利用依据，石油污染土壤生态修复主要在油井周围进行。

第四章　黄河三角洲土壤农药污染现状与评价

在我国，曾大量使用有机氯农药（Organic chlorine pesticide，OPCs），主要包括滴滴涕（DDT）和六六六（HCHs）。直到1983年它们被禁止生产，国内总共生产了490万t HCHs和40万t DDT（表4.1），分别占全球产量的33%和20%。1983年以后，随着DDT和HCHs的全面禁用，近30年来食物和人乳中OPCs的浓度已经显著下降。为持久性有机污染物（Persistent organic compounds，POPs），具有毒性高、化学性质稳定、生物降解难等特点。它们在防治病虫害、增加作物产量的同时，也对农业生态环境造成了严重的污染。由于这类物质的环境持久性，它们仍然广泛地存在于自然界中，并且能够通过生物积累和放大效应对生态系统和人体健康造成广泛而持久的影响。

表4.1　有机氯农药在我国的生产使用和污染情况

有机农药	产量、使用和环境污染情况
滴滴涕	历年产量40余万t，主要用于生产三氯杀螨醇和出口，1981—2000年累计进口30余万t，出口约3万t。作为主要种类曾长期大量使用在大多数农田土壤、水体底泥、粮食作物与蔬菜和果品、肉类禽蛋类动物体中，人体组织中均能检出，粮食中超标最高的地区为新疆、贵州、山东、四川、陕西等地
艾氏剂	未形成生产规模
异狄氏剂	未形成生产规模
灭蚊灵	未形成工业化生产
氯丹	1977—1978年累计生产3 000余t，用于灭白蚁和地下害虫，1979年停产

（续表）

有机农药	产量、使用和环境污染情况
毒杀芬	累计产量不足 2.4 t，1980 年停产
七氯	1967—1969 年累计生产 17 t 原粉，用于灭白蚁和地下害虫，之后停产
六六六	20 世纪 60—80 年代累计生产 81.6 万 t，广谱杀虫剂，广泛使用在大多数土壤、底泥中等，食品和人体中均能检出

第一节　黄河三角洲土壤农药污染源分析

作为有机氯农药的替代品，有机磷农药（Organophosphorus pesticides，OPPs）是有毒农药中最普通的种类，在国内外一直被大量生产和广泛使用，商品已达 150 多种，我国使用的约有 30 种，包括杀虫剂、除草剂、杀菌剂等。在我国，有机磷杀虫剂占所有使用农药的 70%以上。有机磷农药主要是为取代有机氯农药而发展起来的，有机磷农药更易降解，对环境的污染及对生态系统的危害和残留没有有机氯农药那么普遍和突出，但它们对人、畜的毒性较高，存在急性中毒的危险，常因使用或保管不慎发生中毒。而且由于作物种植过程中大量喷洒农药，造成土壤中农药的污染，而土壤中的农药，通过雨水等形式，又造成地表水、饮用水源的污染，所以土壤中有机磷农药污染的研究成为土壤环境研究的重点。

对土壤容易造成污染的农药，一般都具有持久的活性。它们不是被淋溶或蒸发而从土壤消失，就是被土壤相当强烈地吸附，同时抗降解。微生物也不能利用它们作为碳源。较早的杀虫剂如有机氯杀虫剂，便具有这些特点，因此造成地区性污染问题。与污染有关的最主要性质是农药的持久性，它决定是否被淋溶、蒸发和降解。各种农药的持久性不同，短的只有几个小时，长的可达若干年。有机氯农药的残留，并不直接破坏土壤肥力或结构，植物一次吸收量也不多，但它有许多不利影响，例如，害虫的天敌亦被杀死，抗降解农药残留物长期存留使害虫产生抗性，少量残余物可通过食物链而积累等。污染的土壤也起了贮存库的作用，可将物质重新分配至环境中。土壤如被持久性农药污染，消除其不良影响的途径大体上为加速微生物降解及促进化学与光化学反应、降低农药的生物有效性，以及将其转移至另一易分解的环境中等。

土壤中农药的分解，主要有光分解、纯化学分解和微生物降解，各种分解作用由小到大也是这个顺序。其中微生物和农药之间的作用是相互的，微生物可以控制农药的浓度，农药也可以显著地影响微生物的组成和活性。这 3 种分解往往是综合地起作用。光分解只限于土壤表面与光线接触的部位，所以作用不大，只有那些不与土壤混合的和通过毛细管上升到土表的化合物可能受到影响。化学降解在多种农药的降解中起重要作用，化学降解可分为有触媒的和无触媒的降解，后者包括水解、氧化、同质异构化、离子化和形成新盐类，其中以水解和氧化最为重要。有些农药可在酸性条件下水解，有些在碱性条件下水解，有些则在各种 pH 值条件下均可水解。

尽管大部分有机氯农药曾被使用在农业领域，但是有机氯农药被禁止在农业上使用后，经过多年的降解农业区环境介质中的有机氯农药残留浓度有明显的下降；而由有机氯农药的工业生产、使用、存储和泄漏导致的持久性有机污染物污染，由于其污染强度大、风险高以及降解速度慢等逐渐受到学术界和政府机构的关注。关于工业有机氯农药污染的空间分布、影响因素、环境风险、降解情况和修复手段等国际上已经有一些相关研究，这些研究结果表明，尽管工业区有机氯农药的污染区域较小，但是其污染严重程度远远超过农业区，而且工业区有机氯农药的迁移转化方式和速度与农业区也有较大的差异。

同样，有机磷农药在我国的生产和使用现状也不容乐观。据统计，20 世纪末，农业用农药的总产量为 35.7 万 t，其中有机磷农药为 20 万 t 左右，约占农药总量的 57%，而有机磷杀虫剂为 17 余万 t，占农药总量的 50%左右，占杀虫剂的 70%以上，其中甲胺磷、甲基对硫磷、对硫磷、久效磷、敌敌畏等剧毒有机磷杀虫剂又占杀虫剂的 46%。在这些剧毒农药中，以甲胺磷的产量最高，达 6.5 万 t 左右，虽比 1996 年下降了约 1.0 万 t，但仍约占杀虫剂总量的 18%。2000 年，全国农药需求总量为 23.31 万 t（按有效成分计），在杀虫剂中，有机磷 9.19 万 t。其中：甲胺磷23 055 t；水胺硫磷3 566 t；敌敌畏21 976 t；三唑磷2 003 t；敌百虫10 906 t；马拉硫磷1 547 t；氧乐果9 096 t；甲基异硫磷1 147 t；乐果6 011 t；乙酰甲胺磷 656 t；对硫磷6 132 t；毒死蜱 499 t；辛硫磷5 871 t；灭线磷 422 t；久效磷4 044 t。2002 年全国农药需求量为 25.7 万 t，甲胺磷、敌敌畏、杀虫双等品种需求量均在 10 000 t以上；敌百虫、氧乐果需求量在8 000 t以上；对硫磷、辛硫磷、乐果等需求量为5 000~8 000 t。

黄河三角洲作为重要的粮棉果蔬产区，土壤中农药尤其是有机磷农药的施用量非常大，因此，其对土壤系统的污染程度也是相当高的。可见，毒性大的有机磷农药仍是主要的农药品种，由于价格和使用习惯等各种因素，短期内要彻底取代有机磷农药困难较大。

第二节　黄河三角洲土壤农药污染现状与评价

一、调查方法

选取黄河三角洲有关县（市、区）的农田区，采用网格式布点，每样区（约 50 m×50 m）内采用梅花式采样，采集表层（0~15 cm）土壤样品，主要涉及农田、林地、果园等，也有一部分荒地（以前多为农田）。

根据采样点具体情况布设梅花式多点采集 0~20 cm 耕层土壤，采集土壤 0.5~1.0 kg，混合均匀后按四分法获取足够量样品装入聚乙烯塑料袋中。每种样地采集5个土样，共采集25个土壤样品。样品带回实验室后，低温冷冻保存，取适量样品冷冻干燥后，剔除植物残体和石块，研磨过0.25 mm筛，待分析测试，分析前冷冻保存。所采样品的pH值为7.1~8.3。

农药含量测定采用配有自动进样器CTC的气相色谱/质谱仪GC-MS测定（Agilent 7890/5975C，美国），色谱柱为HP-5MS石英毛细管柱。色谱分析条件：进样量1 μL，不分流进样。质谱载气是高纯氦气（99.999%），检测器保护气为高纯氮气（99.999%）。进样口温度250 ℃，升温程序为柱温50 ℃，保持1 min，以25 ℃·min^{-1}速度升温至100 ℃，以5 ℃·min^{-1}速度升温至300 ℃，保持5 min。采用GC-MS/SCAN确定9种有机磷农药标准溶液和2种有机氯农药进行定性测定，确定其保留时间，再采用GC-MS/SIM进行定量测定，提高检测的灵敏度。选用的有机磷农药标准物质为敌百虫、氧乐果、甲拌磷、乐果、辛硫磷、甲基对硫磷、马拉硫磷、对硫磷及甲胺磷，有机氯农药标准物质为滴滴涕和六六六。

数据处理与统计分析运用SPSS 17.0进行，采用SSR法进行组间差异性检验。

二、调查结果

所调查的5种样地中，土壤中有机氯、有机磷农药污染均存在，且表现出较强的差异性（表4.2、表4.3）。

表4.2　各样地土壤中有机氯农药残留量　单位：mg·kg^{-1}

样地	滴滴涕	六六六
1（麦地）	0.193 0±0.004 7A	0.010 3±0.000 6A
2（果园）	0.120 5±0.006 4B	0.002 5±0.000 5B
3（棉地）	0.301 7±0.007 5C	0.213 6±0.006 4C
4（林地）	0.001 8±0.000 4D	0.002 1±0.000 4B
5（菜地）	0.233 4±0.006 7E	0.176 9±0.005 8D

注：同列不同大写字母表示样地间差异极显著（P<0.01）。

表 4.3　各样地土壤中有机磷农药残留量　单位：$mg \cdot kg^{-1}$

样地	有机磷农药
1（麦地）	0.364±0.049a
2（果园）	0.463±0.047b
3（棉地）	0.692±0.066c
4（林地）	0.271±0.041d
5（菜地）	0.517±0.050b

注：同列不同小写字母表示样地间差异显著（$P<0.05$）。

有机氯污染在各样地中分布不均，并且相差很大。土壤滴滴涕的残留量样地4（林地）和样地3（棉地）相差最大，样地3（棉地）的残留量是样地4（林地）的168倍；土壤滴滴涕的残留量也是样地4（林地）和样地3（棉地）相差最大，样地3（棉地）的残留量是样地4（林地）的102倍。可见，不同土地利用类型的土壤中，两类有机氯农药的残留量呈现巨大的差异性（图4.1、图4.2）。

有机磷农药在各样地中也表现出较大差异，其中棉地土壤中的有机磷农药残留量最高，达（0.692±0.066）$mg \cdot kg^{-1}$，其次为菜地和果园土壤，而麦地和林地土壤中的残留量均较低（表4.3、图4.3）。

各种有机磷农药的检出情况如图4.4所示（敌敌畏在各样地中均未检出）。

进一步对各样地土壤有机磷农药残留量进行分检，得到不同种类农药的含量比例，其中甲基对硫磷在各样地土壤中含量最高，其次为乐果（图4.5）。

不同样地间土壤有机氯农药残留量之所以会有如此大的差异，究其原因，可能有如下3个方面：①作物不同，所需的施药量也不同，如棉花的需药量就较大（抗虫棉是近几年才开发的）；②各地的土壤理化性质不同，其微生物降解强度不同，造成各地有机农药

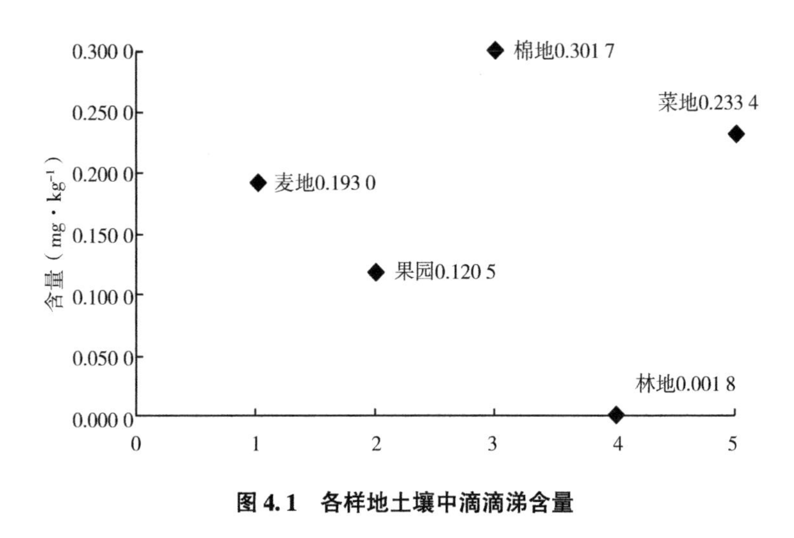

图 4.1　各样地土壤中滴滴涕含量

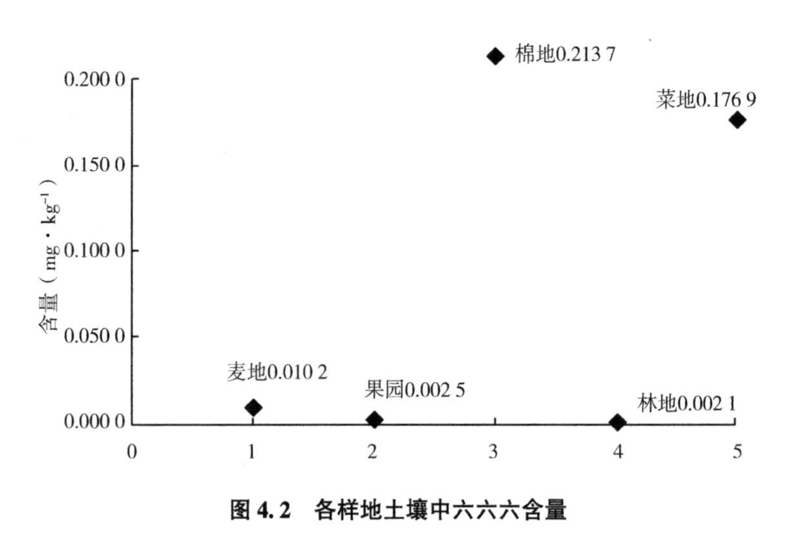

图 4.2　各样地土壤中六六六含量

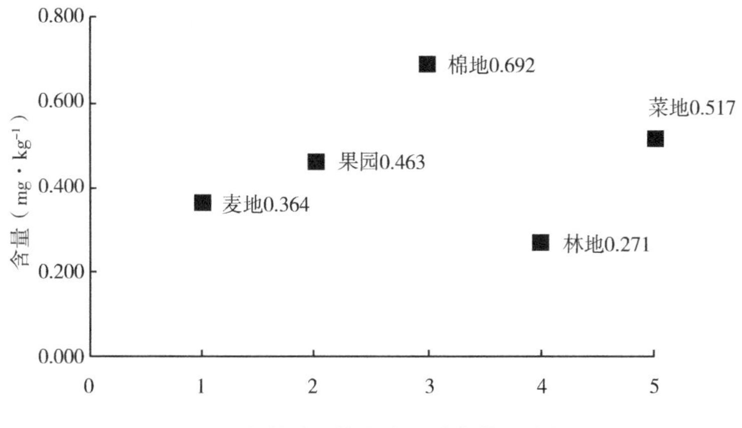

图 4.3　各样地土壤中有机磷农药总残留量

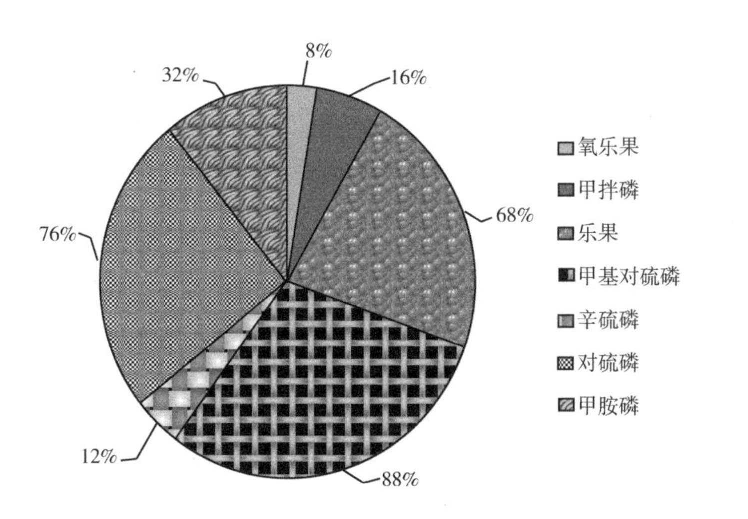

图 4.4　有机磷农药检出率

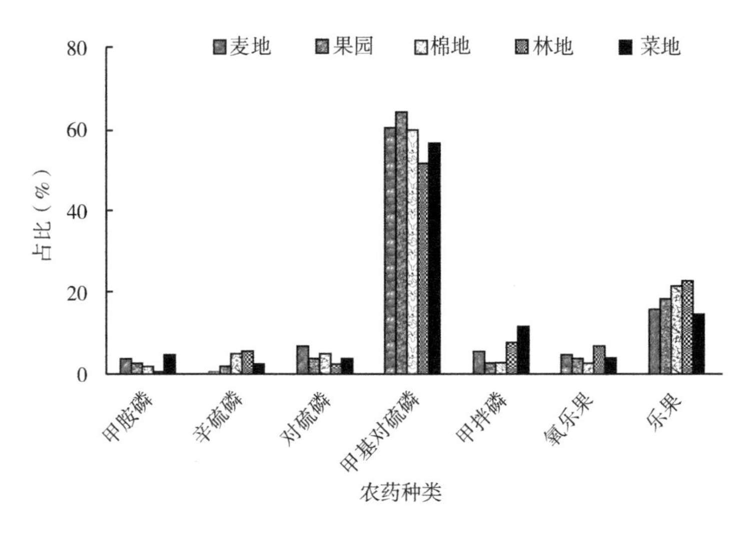

图 4.5　各样地不同有机磷农药种类及占比

残留量的差别；③作物对土壤中有机氯农药的富集能力不同也可能造成现在的状况。

有机氯农药虽已禁用近 30 a，土壤中仍有部分残留，且黄河三角洲土壤存在不同程度的有机氯农药残留污染；作为有机氯农药的替代品，有机磷农药在本地区被大量施用，尤其是甲基对硫磷和氧乐果等。从分析的结果看，棉地、菜地等土壤中残留量较大，且明显高于麦地、林地和果园，为本地区受农药污染的主要土地利用方式。在对不同有机磷农药含量比较中发现，本地区土壤残留的主要有机磷农药为甲基对硫磷和乐果，二者占到土壤有机磷农药总量的 80%左右。

从目前黄河三角洲土壤环境质量状况看，该地区农田、果园、菜地土壤受有机磷农药污染程度较高，因此，必须控制农药的使用量，从源头上断绝有机磷农药的来源。另外，还要采取相应措施进行土壤改良，否则将会影响农产品质量及地下水环境质量，从而导致严重的食品安全问题。

第五章　黄河三角洲重金属污染土壤植物修复研究

土壤是植物特别是作物的生长环境，人类主要的食物如粮食、蔬菜、家禽、家畜等农副产品，都直接或间接产自土壤。重金属在土壤中不能被微生物分解，它们会不断积累，一些甚至转化为毒性更大的烷基化合物，并被植物吸收富集，从而通过食物链以有害浓度累积在人、畜体内，并进而危害人体健康。引起土壤重金属污染的原因有很多而且非常复杂，不同重金属元素来源差别很大，即使同种重金属元素其来源也往往不同。

土壤重金属污染与治理一直是土壤环境领域研究的热点和难点，并引起各国的广泛关注。植物修复作为一种环境友好型且可用于污染土壤原位治理的技术，目前也已成为国内外土壤修复研究者关注的一个焦点。自 20 世纪 80 年代以来，利用积累、超积累植物进行土壤污染修复技术在全球范围内得到应用和发展。而对于污染土壤植物修复而言，超积累（或称超富集）植物的筛选、鉴定和驯化则是植物修复技术研究与发展的关键。

第一节　土壤重金属污染修复技术概况

土壤污染修复技术是指采用化学、物理学和生物学的技术与方法以降低土壤中污染物的浓度、固定土壤污染物、将土壤污染物转化成为低毒或无毒物质、阻断土壤污染物在生态系统中的转移途径的技术总称。就重金属污染土壤修复而言，理论上可行的修复技术有物理修复技术、化学修复技术、生物修复技术和综合修复技术等几大类。对污染土壤实施修复，阻断污染物进入食物链，防止其对人体健康造成危害，这对促进土地资源保护和可持续发展也具有重要意义。

一、物理修复技术

（一）深耕换土法

通过对土地进行深度翻耕，进而对耕层的结构进行改善，增加土壤耕层厚度，能够将表层土壤的重金属浓度进行稀释，降低其重金属含量。这种方式最早源于日本，主要是用来治理镉米问题。相关的研究表明，将桃园 20~40 cm 的亚表层土和 0~20 cm 的表层土进行混合之后，土壤中 Ni 和 Cd 的总含量降低至原来的 25%~33%。这样就能达到植物正常生长的生存标准。但相关的研究发现，进行处理后植物的具体生长情况并不乐观。有学者提出，这是由于土壤生态系统被破坏导致的，建议休耕 2~3 年。深耕只将土壤内部的重金属浓度进行稀释，无法从根本上对其污染问题进行解决。

（二）热脱附法

热脱附法最主要的功能就是对土壤内部的 Hg 以及有机污染物进行修复，通过对土壤进行热传导、红外加热、微波加热等相关手段，增加土壤温度，使 Hg 和有机污染物能够挥发，和土壤分离。此方法的主要优点是操作简便，而且对于土壤质地的要求相对较低，对土壤内部的 Hg 进行回收，其 Hg 的纯度能够达到 99%。唯一不足的是，在对土壤进行加热的同时破坏了整个土壤结构，也会杀死土壤内部的有益微生物，而且耗能比较大，这些都限制了热脱附法的广泛应用。

二、化学修复技术

进行化学修复的主要方法就是制备改良剂，然后将其投放到土壤中，实现对重金属的吸附，并通过沉淀、还原等方法，达到降低重金属含量的效果。常用的改良剂主要有硅酸盐、碳酸钙、石灰等。受到重金属污染的土壤在投入不同的改良剂之后，会产生不一样的效果，使用碳酸钙、石灰等的主要目的就是增加土壤的 pH 值，沉淀土壤当中的重金属元素。通常情况下，硅酸盐、磷酸盐会对土壤中的重金属进行固化，形成很难溶解的沉淀物，把硅酸盐钢渣放入土壤，此时就会对重金属离子逐渐产生吸附、沉淀的作用。沸石自身有离子交换的能力，其主要结构是三维晶体，可以实现离子吸附和交换，降低土壤重金属的含量。还有很多有机物可以使重金属硫化，并且重金属离子可以和有机物中的腐殖酸进行结合，进而降低其活性。

对土壤直接进行化学技术修复，这种修复方式比较简单，但其结果不是永久性的。这种修复方式改变了土壤重金属的形态，但重金属仍然存在于土壤中，仍可能会对植物造成二次伤害。

三、生物修复技术

（一）植物修复

污染土壤的植物修复是利用植物对土壤中的污染物进行固定、吸收，以清除土壤环境中的污染物或使其有害性得以降低或消失。研究表明，植物修复的运行成本低，回收和处理富集重金属的植物较为容易，因此，近年来植物修复得到了重视和发展。

植物稳定、植物挥发和植物提取是重金属污染土壤植物修复的 3 种主要类型。其中，植物稳定是指植物通过根吸收、沉淀或还原将重金属固定，降低土壤中有毒重金属的移动性。可是，重金属的生物有效性会随环境条件的变化而发生变化，所以其效果受到一定的限制。植物挥发则是将污染物吸收到植物体内后并将其转化为气态物质，释放到大气，主要用于重金属 Hg 和非金属硒的污染治理。这种方法将污染物转移到大气中，对人类和其他生物具有一定的风险。植物提取是指植物从土壤中吸取重金属，并将其转移、贮存到地上部并通过收获而去除，包括连续植物提取和螯合剂辅助的植物提取。其中，连续植物提取是指超积累植物由于本身对重金属的耐性及其吸收、转运和积累高含量的重金属，从而减少土壤中的重金属含量，如十字花科遏蓝菜（*Thlaspi caerulescens*）已被发现是一种 Zn 和 Cd 超积累植物。Baker 等（1994a，1994b）调查发现，生长在污染土壤中的野生遏蓝菜地上部分 Zn 的含量为 13 000~21 000 mg·kg^{-1}，连续种植该植物 14 茬，污染土壤中 Zn 的含量可从 440 mg·kg^{-1}降低到 300 mg·kg^{-1}，而种植萝卜需种 2 000茬才能达到这种效果。但是，目前已知的超积累植物绝大多数生长慢、生物量小，且大多数为莲座生长，很难进行机械操作，不适宜大面积污染土壤的修复。寻找新的、生物量大的超积累植物能克服这些缺点，如在南非发现了一种新的、生物量大的 Ni 超积累植物 *Berkheya coddii*，其地上部分 Ni 的含量达 3.7%（以植物干重计算），该植物的生物产量达 22 t·hm^{-2}·a^{-1}，地上部分 Ni 的含量达 1%，且易繁殖和培养，种植 2 茬该植物可使中等污染土壤 Ni 的含量由 100 μg·g^{-1}降低到 15 μg·g^{-1}，甚至在严重污染情况下（250 μg·g^{-1}），也只需种植 4 茬。Li 等（2003）研究了十字花科的超积累植物 *Alyssum Annrale* 和 *Alyssum orsicum* 对 Ni 和 Cu 的吸收以及与土壤性质之间的关系。另外，筛选生物量大、具有中等积累重金属能力的植物也是一种选择。Ebbs 等（1998）发现印度芥菜（*Brassica juncea*）、芸苔（*B. napus*）和芜箐（*B. rapa*）具有很强的清除污染土壤中 Zn 的能力，其生物量是遏蓝菜的 10 倍，因而更具有实用价值。通过加入一些有机络合剂来增加土壤中重金属的生物有效性，也可提高植物对重金属的吸收。该技术适用面广，对多种重金属污染土壤均有效。

有研究报道，施加适当的螯合剂可增加植物地上部分 Pb 的含量。Huang 等（1997）发现施加 0.2 g·kg^{-1} EDTA 后，土壤溶液中

Pb 的含量由 4 mg · L^{-1}增加到4 000 mg · L^{-1}，玉米和豌豆地上部分 Pb 的含量由 500 mg · kg^{-1}增加到10 000 mg · kg^{-1}；他们还发现，加入 EDTA 24 h 后，玉米伤流液中 Pb 的含量增加了 140 倍，由根向地上部的净运输量增加了 120 倍。Blaylock 等（1997）研究发现，EDTA 不仅促进了印度芥菜对 Pb 的吸收，也促进了其对 Cd、Cu、Ni、Zn 的吸收。这些结果表明，螯合剂不但能增加土壤溶液中重金属的含量，而且能促进重金属在植物体内的运输。另外，对于不同重金属，螯合剂的作用也不尽相同，如 Pb 的最适螯合剂为 EDTA，而 Cd 的为乙二醇双乙胺醚-N,N′四乙酸（EGTA）。同时，螯合剂的效果与植物品种有关，Ebbs 和 Kochian（1998）研究发现，EDTA 能促进印度芥菜对 Zn 的吸收，但对燕麦和大麦则无效果。Ager 等（2002）采用核显微镜（Nuclear microscopy technique）和扫描显微镜等研究了植物吸收 Cd 后 Cd 在植物中的分布状况，发现其主要积累在 *Arabidopsis thaliana* 的香毛簇。Kayser 等（2000）研究了硝基三醋酸（NTA）和硫（S_8）辅助超积累植物、农作物和木本作物提取石灰性土壤中的 Zn、Cd 和 Cu，研究发现植物富集重金属的提高程度要小于土壤中活性重金属浓度提高的速度。Romkens 等（2002）对使用螯合剂辅助植物修复技术的可行性及其不足进行了讨论，主要包括络合剂的易降解性及其应用中对重金属的选择性问题等。Dushenkov 等（1999）研究了不同改良剂对切尔诺贝利地区受^{137}Cs 污染土壤植物修复效率的影响，结果发现，铵盐是最有效的提取剂，苋属（*Amaranth*）植物显示出最大的^{137}Cs 吸收。

（二）微生物修复

微生物虽然不能降解和破坏重金属，但可通过改变它们的化学或物理特性而影响重金属在环境中的迁移与转化。利用微生物（细菌、藻类和酵母等）来减轻或消除土壤重金属污染，国内外已有许多报道。微生物金属修复的机理包括胞外络合、沉淀、氧化还原反应和胞内积累等。

Sriprang 等（2002）使用豆科植物并与基因工程根瘤菌共生素来研究重金属污染土壤的生物修复，结果发现植物对 Cd 的吸收增加但对 Cu 的吸收减少。Khan 等（2000）讨论了植物、菌根和根际螯合剂复合处理对土壤重金属去除的影响，生物转化是微生物降低土壤重金属的重要机理。尽管微生物修复引起了极大重视，但大多数技术仍局限在科研和实验室水平，少有微生物重金属污染修复的实例报道。考虑到传统的生物（微生物）修复技术常常不能满足环境污染治理的要求，随着现代分子生物学的发展，人们开始求助于微生物基因工程技术。最近的研究显示，研制重金属离子高效结合肽的微生物展示工程菌，有望在重金属修复中发挥重要作用。通过生物分子在微生物表面的展示，不仅可增进微生物对金属的富集，而且菌体周围重金属浓度的提高有利于金属离子与其他细菌结构成分（脂多糖、细胞质及外周胞质等）的作用，增强不同系统中微生物的重金属结合。

菌根直接连接植物根系和土壤的微生物，菌根真菌能改变植物对重金属的吸收和转移。Lamber 和 Weidensaulc（1991）在施用污泥的土壤中接种菌根，发现幼苗中 Cu、Zn 的含量增加，而非菌根化幼苗中 Cu、Zn 的含量却较低。Barbara 等（1996）观察种植在污泥土壤中的紫花苜蓿和燕麦接种球囊霉菌根真菌后耐受重金属毒害的变化，发现由于菌根的侵染，燕麦根中 Zn、Cd、Ni 的含量增加，地上部分 Zn 的含量降低。Abalel-Aziz 等（1997）指出，在施用污泥的土壤中，接种菌根能显著增加植物的生长、根瘤数和重量，提高植物体内 N、P、Zn、Mn、Cu、Ni、Cd、Pb、Co 等的含量，降低土壤重金属的含量。Jones 和 Leyval（1997）研究发现，当把 1 $mg \cdot kg^{-1}$、10 $mg \cdot kg^{-1}$、100 $mg \cdot kg^{-1}$ Cd 加入土壤中时，菌根化植物吸收 Cd 的量比非菌根化植物分别高 90%、127% 和 131%。可见，菌根化植物对重金属有很强的吸收能力。

第二节　黄河三角洲重金属污染土壤的植物修复技术研究

一、材料与方法

（一）研究方法

于2008年开始向处理小区表土层（0～15 cm）投入Cd、Cu、Zn、Pb 4种重金属。具体做法：先将小区表层土壤均匀剥离，然后再根据设计浓度与固体重金属化合物混合，平衡15 d后再均匀平铺在小区表面，以确保重金属在小区能够均匀分布。投加的量分别为总Cd 1 $mg \cdot kg^{-1}$、总Cu 50 $mg \cdot kg^{-1}$、总Zn 100 $mg \cdot kg^{-1}$和总Pb 100 $mg \cdot kg^{-1}$，投加的重金属形态分别为$CdCl_2 \cdot 2.5H_2O$、$CuSO_4 \cdot 5H_2O$、$ZnSO_4 \cdot 7H_2O$和$Pb(CH_3COO)_2 \cdot 3H_2O$，均为化学纯试剂。本试验以投加重金属的处理小区和另一未投加重金属的对照小区为供试土壤和现场试验点位，向小区内撒播黄河三角洲常见杂草种子进行研究。于植物生长季前进行土壤整平，待小区内杂草自发长出后，在整个生长期内未施任何肥料，也未进行人工灌溉，除进行田间间苗以尽可能地确保处理小区与对照小区生长条件一致和注意病虫害防治外，基本未对小区内植株作其他任何处理。在杂草成熟期取样，然后进行相关测定。所取杂草均在同一个小区中，此外设3个平行试验。对处理小区和对照小区土壤重金属浓度进行了测定，其测定结果及国家土壤环境质量标准值见表5.1。

从表5.1可知，对照小区土壤背景值符合国家土壤环境质量标准一级标准，而处理小区表层土壤中总Cd的浓度超过二级标准值，总Pb超过一级标准值，总Cu和总Zn分别是土壤本底值的2.3倍和1.6倍，土壤受到了轻度污染。另外，处理小区表层土壤中总Cd、总Cu、总Zn、总Pb的浓度与2008年设计浓度相比均有所下降，说明土壤中重金属均有不同程度的损失，其中 Pb 的损失更大一些，这可能是因植物吸收后未返还土壤造成的。从土壤剖面重金属的分布来看，投加后的重金属主要分布在 0~30 cm 范围内，其浓度随深度的增加而减少。

表 5.1　小区土壤中重金属含量及国家土壤环境质量标准值

小区	土层（cm）	总 Cd（mg · kg^{-1}）	总 Cu（mg · kg^{-1}）	总 Zn（mg · kg^{-1}）	总 Pb（mg · kg^{-1}）
处理	0~15	0.51	29.05	64.05	59.65
	15~30	0.19	17.13	41.08	26.50
	30~40	0.13	12.70	34.73	15.63
对照	0~15	0.15	12.40	39.90	14.17
	15~30	0.14	11.90	36.87	15.02
	30~40	0.12	11.72	34.55	14.97
GB 15618—2018 一级标准值		0.20	35	100	35
GB 15618—2018 二级标准值		0.30	50	200	250
GB 15618—2018 三级标准值		1.00	400	500	500

（二）供试植物

小区内撒播黄河三角洲常见的代表性杂草 4 种（表 5.2），这些植物在小区内随机分布。待植物成熟后，进行取样（每种植物取植株 15 株），处理后备用。

表 5.2　处理小区杂草植物及生长情况

植物科	植物种	生长时间（天）	取样量（棵）
蓼科	齿果酸模（*Rumex dentatus* L.）	140	15

（续表）

植物科	植物种	生长时间（天）	取样量（棵）
禾本科	狗牙根［*Cynodon dactylon*（Linn.）Pers.］	118	15
豆科	紫花苜蓿（*Medicago sativa* Linn.）	125	15
藜科	灰绿藜（*Chenopodium glaucum* Linn.）	115	15

（三）样品分析

将采集的植物样品分为根部和地上部分（茎、叶和花序）两部分，分别用自来水充分冲洗黏附于植物样品上的泥土和污物，再用去离子水冲洗，沥去水分后，在烘干前先于 105 ℃下杀青 30 min，之后于 70 ℃下在烘箱中烘至恒重。烘干后的植物样品，分别称重，再将地上部分（茎、叶和花序混合在一起）磨碎并充分混合均匀，整个根系也磨碎并充分混合均匀，然后每个样品称取 1.0 g，并采用 HNO_3-$HClO_4$法消煮，用原子吸收分光光度法测定其中的重金属含量。各样品测定分析均为 3 次重复。

二、重金属复合污染对植物生长的影响

从表 5.3 可以看出，重金属复合污染对 4 种植物的生物量都产生了影响。其中，齿果酸模在株高上降低得最多，比对照降低了 24.6%，紫花苜蓿降低得最少，比对照降低了 12.5%；在根长上，狗牙根降低得最多，比对照降低了 32.35%，齿果酸模降低得最少，比对照降低了 16.2%；地上部干重，灰绿藜降低得最多，齿果酸模降低得最少，分别降低了 26.4%和 14.5%；在根干重上，齿果酸模降低得最多，紫花苜蓿降低得最少，分别降低了 16.4%和 12.1%。从植物的生长状态来看，处理小区植物的长相、长势均与对照小区植物的生长情况一致，植物虽受到重金属污染但其正常生长并未受到抑制。

表 5.3　复合重金属污染对 4 种植物生物量的影响

植物种	处理	株高 (cm)	根长 (cm)	地上部干重 (mg)	根干重 (mg)
齿果酸模	对照	90.3±0.12	15.4±0.12	230.6±0.16	130.8±0.03
	处理	68.1±0.21	12.9±0.11	197.1±0.14	117.8±0.02
狗牙根	对照	0.9±0.18	3.4±0.10	40.6±0.04	56.7±0.05
	处理	0.8±0.12	2.3±0.08	29.9±0.05	47.7±0.03
紫花苜蓿	对照	56.9±0.23	10.6±0.07	60.5±0.07	43.6±0.03
	处理	49.8±0.22	7.6±0.11	45.0±0.02	38.3±0.04
灰绿藜	对照	45.6±0.12	4.5±0.14	58.7±0.12	23.1±0.03
	处理	37.7±0.01	3.2±0.16	45.7±0.15	19.6±0.02

三、4 种植物对重金属的积累特性

表 5.4 列出了对照小区及处理小区中 4 种植物体内重金属（Cd、Cu、Zn 和 Pb）的含量。在重金属污染条件下（处理小区），这 4 种植物对重金属的积累量都有较大幅度的提高，表现为 Cd 的积累较高，Pb 的积累较低。

富集系数是衡量植物对重金属积累能力的一个重要指标，它是指植物体内某种重金属含量与土壤中该重金属含量的比值。富集系数越大，其富集能力越强，尤其是植物地上部分富集系数越大，越有利于植物提取修复，因为地上部分生物量比较容易收获。植物地上部分富集系数大于 1，意味着植物地上部分某种重金属含量大于其所生长土壤中该重金属的浓度，是超富集植物区别于普通植物对重金属积累的一个重要特征。植物对重金属的积累有随土壤中重金属浓度升高而升高的特点，但当土壤中重金属浓度略低于超富集植物所应达到的含量标准时，植物对重金属的积累量可能就难以达到超富集植物应达到的临界含量标准而表现出与普通植物相同的特征。同时，由于土壤 pH 值等因素对污染土壤中重金属可吸收态的影响，在土壤重金属浓度较高的情况下，普通植物也可能正常生长，植物所表现出的较强耐性的表面特征也可能是一种假象。因此，植物地上部富集系数大于 1 应是超富集植物区别于普通植物的必不可少的一个特征，至少植物地上部分富集系数应当在土壤中重金属浓度与超富集植物应达到的临界含量标准相当时大于 1。

从植物对重金属的积累特点来看（表 5.4），齿果酸模、紫花苜蓿 2 种植物地上部对 Cd 的富集系数（BCF）较高，分别为 4.73、8.75，而且 2 种植物地上部 Cd 的含量均低于根部 Cd 的含量，具有很强的从根部向地上部运输 Cd 的能力，具备了重金属富集植物的基本特征。紫花苜蓿对 Cd 的积累能力最强，地上部对 Cd 的富集系数高达 8.75。而狗牙根对 Cd 的富集能力也很强，根部富集系数为 1.66，地上部为 1.39，但 Cd 主要积累在根部，其从根部向地上部运输 Cd 的能力较差，因此对 Cd 的提取修复能力可能会受到限制。这些植物对 Cu、Zn、Pb 的富集能力比对 Cd 的富集能力弱，其富集系数大部分都小于 1，亦即植物体内重金属含量大部分都未超过土壤中重金属的浓度，其中，对 Pb 富集系数最大的是紫花苜蓿，但其根部富集系数也仅为 0.22。植物对 Cu 的积累情况与对 Pb 的积累情况类似，富集系数较高的也是紫花苜蓿，地上部和根部富集系数分别为 1.23 和 1.04。

4 种参试植物地上部生物量与地上部重金属含量似乎存在某种相关性，如植物对 Cd、Pb 的积累与地上部生物量似乎存在着负相关。但是，相关分析表明，植物地上部干重与地上部 Cd、Pb、Cu 和 Zn 含量之间的相关系数分别为 0.336、0.324、0.111 和 0.258，其绝对值均未超过差异显著性标准值 0.468，即差异均不显著（$n=18$）。这说明植物地上部生物量与其地上部重金属含量无显著相关性。这也说明地上部生物量较高的植物，其地上部分也可能富集较高量的重金属。因此，在筛选重金属超富集植物时，植物地上部重金属含量与植物地上部生物量可以并重。

表 5.4　植物体内重金属含量

植物种	处理	部位	Cd		Cu		Zn		Pb	
			含量 (mg · kg^{-1})	BCF	含量 (mg · kg^{-1})	BCF	含量 (mg · kg^{-1})	BCF	含量 (mg · kg^{-1})	BCF
齿果酸模	对照	根部	0. 07±0. 01		8. 09±1. 45		12. 47±4. 34		0. 04±0. 01	
		地上部	0. 21±0. 02		5. 51±1. 32		21. 53±5. 67		2. 51±0. 34	
	处理	根部	0. 68±0. 06	4. 32	14. 13±3. 55	0. 57	28. 77±6. 55	0. 46	0. 47±0. 13	0. 01
		地上部	0. 57±0. 12	4. 73	9. 36±4. 12	0. 38	61. 74±6. 78	0. 98	6. 85±2. 03	0. 14
狗牙根	对照	根部	0. 17±0. 12		3. 77±1. 32		6. 52±3. 21		0. 85±0. 12	
		地上部	0. 18±0. 13		0. 29±0. 12		1. 42±0. 34			
	处理	根部	1. 77±0. 13	1. 66	34. 43±7. 43	1. 23	56. 66±9. 87	0. 96	3. 52±1. 05	0. 06
		地上部	1. 94±0. 12	1. 39	9. 81±2. 01	0. 35	85. 58±10. 03	1. 45	1. 13±0. 11	0. 02
紫花苜蓿	对照	根部	nd		0. 07±0. 02		1. 28±0. 12			
		地上部	0. 15±0. 04		1. 11±0. 12		12. 01±3. 56		1. 38±0. 98	
	处理	根部	0. 31±0. 01	0. 35	2. 75±0. 98	1. 04	35. 06±6. 98	0. 59	0. 68±0. 07	0. 22
		地上部	0. 14±0. 05	8. 75	2. 70±0. 89	1. 23	26. 01±9. 65	0. 44	1. 27±0. 15	0. 16
灰绿藜	对照	根部			0. 11±0. 00		0. 81±0. 12		0. 03±0. 12	
		地上部			0. 11±0. 00		1. 35±0. 78		0. 03±0. 12	
	处理	根部	0. 15±0. 01	0. 36	3. 33±1. 23	0. 12	66. 59±15. 78	1. 12	2. 61±1. 23	0. 05
		地上部	0. 05±0. 02	0. 12	3. 55±1. 56	0. 13	35. 30±13. 87	0. 59	0. 78±0. 12	0. 02

注：BCF 指富集系数；nd 指没有检测到。

采用物理化学技术修复重金属污染土壤，不仅费用昂贵，难以用于大规模污染土壤的改良，而且常常导致土壤结构破坏、土壤生物活性下降和土壤肥力退化等问题的发生。植物修复技术作为一种新兴高效、绿色、廉价的生物修复途径，现已被科学界和政府部门认可和选用，并逐步走向商业化。它可以最大限度地降低修复时对环境的扰动，但该技术目前还处于田间试验和示范阶段。目前，植物修复的发展还依赖于高效吸收污染物的植物种类开发、土壤改良剂以及优化植物栽培等农业措施。

现公认的超富集植物应同时具备的特征主要有 3 个：一是植物地上部（茎和叶）重金属含量是普通植物在同一生长条件下的 100 倍，其临界含量分别为 Zn 10 000 $mg \cdot kg^{-1}$、Cd 100 $mg \cdot kg^{-1}$、Au 1 $mg \cdot kg^{-1}$，Pb、Cu、Ni、Co 均为 1 000 $mg \cdot kg^{-1}$；二是植物地上部重金属含量大于根部该重金属含量；三是植物的生长未受到明显伤害且富集系数较大。而较理想的超富集植物还应具有生长期短、抗病虫能力强、地上部生物量大、能同时富集 2 种或 2 种以上重金属的特点。从复合重金属污染对 4 种植物生物量影响的试验可以看出，对于齿果酸模来说，重金属污染主要影响了其株高，而对其地上部干重的影响却很小，说明重金属主要影响其节间的伸长，而对其生物量影响非常小。对于紫花苜蓿来说，其生物量各项指标与对照相比变化都不是很大。因此，总体来讲，紫花苜蓿、齿果酸模对重金属的抵抗能力较强。

本试验研究结果表明，在选择的 4 种植物中，紫花苜蓿、齿果酸模是对重金属适应性比较强的植物，在重金属植物修复中可以尝试使用，但 2 种植物对哪一种重金属修复效果更好，还需进一步进行试验研究。

第六章　黄河三角洲土壤石油污染的微生物修复研究

黄河三角洲石油污染土壤盐碱化程度较高，为了更好地筛选耐盐解烃菌，采集了9个石油污染土样，对其中的微生物进行了多样性分析，然后采用富集培养法，筛选到了2株高效降解石油的耐盐菌株，并对这2株菌进行了解烃特性分析、室内模拟解烃试验及现场试验。

第一节　黄河三角洲石油污染土壤微生物筛选

采用微生物多样性分析的传统方法，包括平板培养法、电镜方法和染色法等，对取自黄河三角洲石油污染的9个土壤样品中的微生物群落进行了初步分析。试验结果表明，该地区石油污染的盐碱土中有丰富的细菌、真菌和放线菌资源，通过进一步的生理生化实验分析，大部分微生物表现出较强的耐盐性，该试验研究丰富了耐盐微生物资源，并为进一步分离耐盐解烃微生物提供了基础。

一、细菌的分离筛选

（一）石油污染土壤中细菌的多样性分析

对采集到的9个石油污染土样中的细菌进行培养，待平板上长出菌落后进行观察，共分离出20株细菌，对这些细菌进行形态描述和菌落计数，结果见表6.1。20株细菌中的优势菌为2A－4、3A－2、7A－1和7A－2，菌体显微照片见图6.1。

表 6.1　土样中分离到的细菌的形态特征及数量

菌落编号	菌落形态	菌落计数（$\times 10^3$个·mL^{-1}）
2A-1	菌落表面较干，菌落较薄，菌落较大；菌落较密，表面不光滑，边缘有细小突起；菌落正面白色，背面无色，不透明	2.4
2A-2	菌落表面干，菌落较厚，菌落较小；菌落较松，表面不光滑，边缘光滑；菌落正面白色，背面白色，不透明	3.6
2A-3	菌落表面干，菌落较薄，菌落较小；菌落表面不光滑，边缘有细小突起；菌落正面无色，背面无色，半透明	2.1
2A-4	菌落表面较干，菌落较薄，菌落较小；菌落表面光滑，边缘光滑；菌落正面无色，背面无色，不透明	10.1
2A-5	菌落表面干，菌落较薄，菌落较大；菌落表面不光滑，边缘有突起；菌落正面无色，背面无色，不透明	3.5
2A-6	菌落表面干，菌落较薄，菌落较大；菌落较松，表面不光滑；边缘光滑，菌落正面无色，背面无色，不透明	1.1
3A-1	菌落表面干，菌落较薄，菌落小；菌落较松，表面不光滑，边缘光滑；菌落正面无色，背面无色，不透明	3.2
3A-2	菌落表面较湿，菌落较薄，菌落较小；菌落较密，表面不光滑，边缘光滑；菌落正面橘红色，背面橘红色，不透明	6.3
4A	菌落表面较湿，菌落较厚，菌落小；菌落较松，表面不光滑，边缘有细小突起；菌落正面无色，背面无色，不透明	1.2
4B-1	菌落表面较湿，菌落较厚，菌落较大；菌落表面不光滑，边缘有细小突起；菌落正面无色，背面无色，不透明	1.1
4B-2	菌落表面较干，菌落较薄，菌落大；菌落较松，表面不光滑，边缘有细小突起；菌落正面无色，背面无色，不透明	4.0
6B	菌落表面干，菌落较厚，菌落大；菌落密，表面粗糙，边缘有环状突起，表面较光滑；菌落正面中间为浅黑色，外周有一白圈，背面无色，不透明	5.6
7A-1	菌落表面干，菌落较薄，菌落较大；菌落较松，表面不光滑，边缘不光滑；菌落正面中间有圆环，中间为白色，外周无色，背面无色，不透明	8.1

（续表）

菌落编号	菌落形态	菌落计数（×10³个·mL⁻¹）
7A-2	菌落表面油性，菌落较厚，菌落较大；菌落密，表面油状，边缘光滑；菌落正面无色，背面黄色，不透明	7.4
7B	菌落表面较湿，菌落厚，菌落较大；菌落密，表面较粗糙，边缘光滑；菌落正面黄色，背面无色，不透明	1.5
8A-1	菌落表面干，菌落薄，菌落很大；菌落松，表面较粗糙，边缘光滑；菌落正面无色，背面无色，半透明	2.1
8A-2	菌落表面较干，菌落较厚，菌落小；菌落较密，表面较光滑，边缘光滑；菌落正面白色，背面无色，不透明	1.4
8B-1	菌落表面较干，菌落厚，菌落大；菌落松，表面较粗糙，边缘不光滑；菌落正面白色，背面无色，不透明	1.3
8B-2	菌落表面较湿，菌落厚，菌落大；菌落松，表面粗糙，边缘不光滑；菌落正面黄色，背面无色，不透明	0.7
9B	菌落表面较干，菌落厚，菌落较小；菌落松，表面较粗糙，边缘不光滑；菌落正面无色，背面无色，半透明	0.5

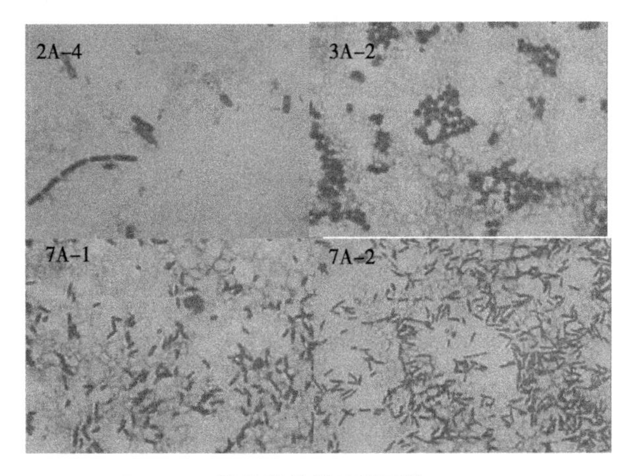

图 6.1　4 株优势菌的显微照片（1 000×）

（二）优势细菌的生理生化指标检测

分别对2A-4、3A-2、7A-1和7A-2这4株优势菌进行了相关的生理生化试验，根据《常见细菌系统鉴定手册》，对4株菌的分类地位进行了初步鉴定。优势菌的生理生化特征如表6.2所示。

表6.2 优势细菌的生理生化指标

项目	2A-4	3A-2	7A-1	7A-2
细菌形态	杆状	球状	杆状	杆状
革兰氏染色反应	G^+	G^{--}	G^+	G^{--}
接触酶反应	+	+	-	+
运动性试验	-	-	-	+
明胶液化试验	-	-	-	-
淀粉水解试验	-	-	+	+
脲酶试验	+	+	+	+
吲哚试验	-	-	+	+
纤维素分解试验	-	+	-	-
葡萄糖氧化发酵试验	氧化型	氧化型	氧化型	发酵型
柠檬酸盐利用试验	+	+	+	+
甲基红试验	-	-	-	-
V-P测定试验	-	-	+	-
30 ℃生长试验	+	+	+	+
45 ℃生长试验	+	+	+	+
55 ℃生长试验	+	-	-	-
60 ℃生长试验	-	-	-	-
0%NaCl试验	+	+	+	+
5%NaCl试验	+	+	+	+
7%NaCl试验	+	-	-	-
8%NaCl试验	-	-	-	-

注释“+”表示阳性、“-”表示阴性。

经过相应的生理生化试验鉴定，结合4株优势菌的形态特征，可以大致上鉴定出4株优势菌分别属于*Plesiomonas*（邻单胞菌属）、*Staphylococcus*（葡萄球菌属）、*Roseomonas*（玫瑰单胞菌属）和*Brevibacterium*（短杆菌属）。对这4株优势菌进行NaCl耐受性检测，发现这4株菌对NaCl的耐受性均达到5%，其中菌株2A-4更是高达7%。

二、真菌和放线菌

（一）石油污染土壤中真菌和放线菌的分析

通过观察平板上菌落的形态特征和菌落个数，共分离得到15株放线菌和7株真菌，放线菌优势菌种有4株，真菌优势菌种有4株。放线菌标号为F1、F2、F3和F4。真菌标号为Z1、Z2、Z3和Z4。对分离到的放线菌和真菌进行菌落和菌丝体的形态特征描述，结果如表6.3和表6.4所示。

表6.3 石油污染土壤中分离出的放线菌的形态特征

菌株标号	菌丝体及孢子特征	菌落特征
F1	基内菌丝纤细，气生菌丝发达，一般为1.2 μm左右，无横隔，多分枝，形成各种形态的链状孢子，孢子形态各异，有柱形、圆形等	菌落紧密多皱或平滑，各种颜色，菌落表层呈粉状，孢子形成后也呈各种颜色，有色素
F2	气生菌丝发育好，有分枝，形成短孢子链，孢子链粗、短且高度螺旋卷成孢囊	菌落不规则，比较硬，难以挑取；浅黄色，较干
F3	一般气生菌丝发达，菌丝放射状分布，剧烈弯曲或不弯曲，菌丝体纤细，断裂为杆状、球状或带杈杆状，菌丝体0.2~0.3 μm	菌落表面多皱、干燥或致密，表层呈灰色、光滑的乳白色等各种颜色
F4	气生菌丝细长，不发达，呈树丛状，分枝多，顶端有顶囊，基内菌丝发达，无横隔，不断裂	气生菌丝最初为浅棕色，后变为灰白色，菌落上覆有灰白色或灰棕色孢子，基内菌丝为褐黄色，部分金黄色

表 6.4　石油污染土壤中分离出的真菌的形态特征描述

菌株标号	菌丝体及孢子特征	菌落特征
Z1	孢子囊合轴分枝，游动孢子第一个活动时期很短，休止孢子在孢子囊顶部孔口处聚集成团	菌落较大，白毛状，菌落紧密多皱，较湿润
Z2	菌丝有横隔，分枝；分生孢子梗分枝或不分枝。分生孢子有两种形态：小型分生孢子卵圆形至柱形，有 1~2 个隔膜；大型分生孢子镰刀形或长柱形，有较多的横隔	菌落较小，湿润光滑，容易挑取，菌丝较淡，无色素
Z3	分生孢子梗短，单生，极少数分生孢子梗具有短的分枝，分生孢子梗呈暗色。分生孢子（粉孢子）单生，顶生，球形，棕色，单细胞	菌落表面较干，菌落较厚，菌落正面白色，背面无色，不透明
Z4	菌丝透明有隔，分枝丰茂，分生孢子梗有对生或互生分枝，分枝上可再分枝，分枝顶端为小梗，瓶状，互生或单生。气生菌丝的短侧枝成为分生孢子梗，其末端产生近球形、椭圆形的分生孢子。分生孢子以黏液聚成球形或近球形的孢子头	菌落伸展迅速，呈棉絮状或致密丛束状，绿色，菌落表面呈同心轮纹状

（二）石油污染土壤中优势真菌和放线菌分类

对放线菌和真菌进行菌落特征观察、镜检特征描述以及生理生化指标进行检测，参照《放线菌生化实验鉴定》《真菌的形态特征》，初步鉴定结果如下：所分离到的放线菌 F1 和 F3 属于链霉菌属（*Streptomyces*）、F2 属于马杜拉放线菌属（*Actinomadura*）、F4 属于诺卡氏菌属（*Nocardia*），分离出的真菌 Z1 属于毛霉属（*Mucor*）、Z2 属于镰刀菌属（*Fusarium*）、Z3 属于腐质霉属（*Humicola*）、Z4 属于木霉属（*Trichoderma*）。另对分离到的优势真菌和放线菌进行 NaCl 耐受性检测，发现放线菌的耐盐性均可达到 5%，真菌的耐盐性为 3%~5%。

黄河三角洲石油污染土壤中微生物多样性呈现以细菌为主、真菌和放线菌较少的现象。从采集到的石油污染土样中，共获得20株细菌、15株放线菌和7株真菌。对分离到的优势细菌、放线菌和真菌进行了生理生化指标检测，鉴定到属。经过相应的生理生化试验鉴定，结合4株优势细菌的形态特征，可以鉴定出4株优势细菌分别属于邻单胞菌属（*Plesiomonas*）、葡萄球菌属（*Staphylococcus*）、玫瑰单胞菌属（*Roseomonas*）和短杆菌属（*Brevibacterium*）；所分离出的放线菌F1和F3属于链霉菌属（*Streptomyces*）、F2属于马杜拉放线菌属（*Actinomadura*）、F4属于诺卡氏菌属（*Nocardia*）；分离出的真菌Z1属于毛霉属（*Mucor*）、Z2属于镰刀菌属（*Fusarium*）、Z3属于腐质霉属（*Humicola*）、Z4属于木霉属（*Trichoderma*）。由于该地区的土壤盐碱化严重，所分离到的微生物大都表现出较强的耐盐性，4株优势细菌对NaCl的耐受性均达到5%，菌株2A-4更是高达7%；优势放线菌的耐盐性均可达到5%，真菌的耐盐性为3%~5%。该试验研究丰富了耐盐微生物资源，并为进一步分离耐盐解烃微生物提供了基础。

第二节　黄河三角洲石油污染土壤解烃菌的分离和鉴定

一、解烃菌的分离

采用富集培养和稀释涂平板方法，从石油污染土样中分离到4株优势菌，菌落照片见图6.2，分别命名为XB、DB、LH和JH。

XB菌落小、白，点状分布，不透明；DB菌落圆形，边缘光滑，菌落较大，半透明；LH菌落呈亮黄色，不透明，圆形，边缘光滑；JH菌落明显呈橘黄色，菌落较小，不透明。将4株菌分别在液蜡无机盐培养基中培养，发现JH菌株和XB菌株对液蜡的乳化效果最好，见图6.3。

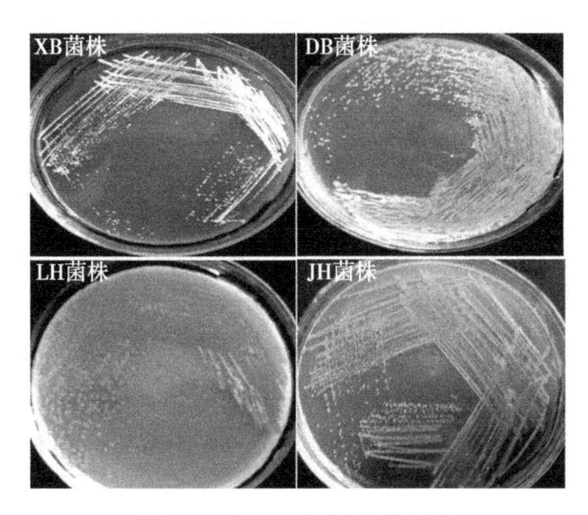

图 6.2　解烃微生物菌落照片

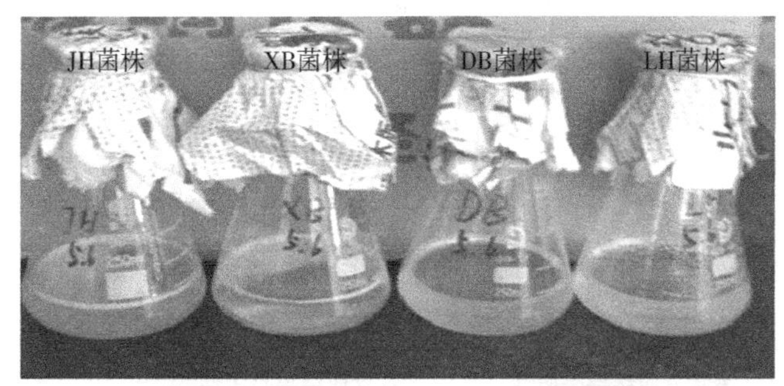

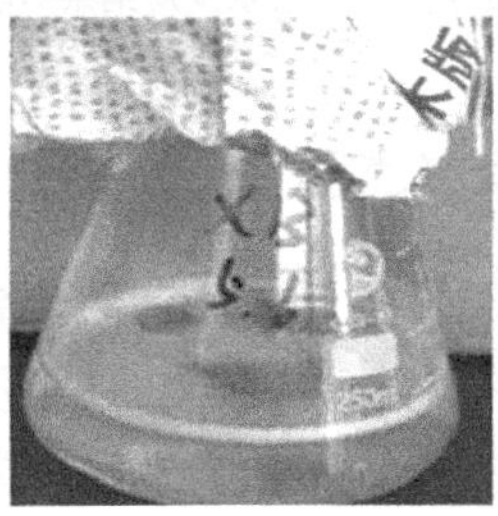

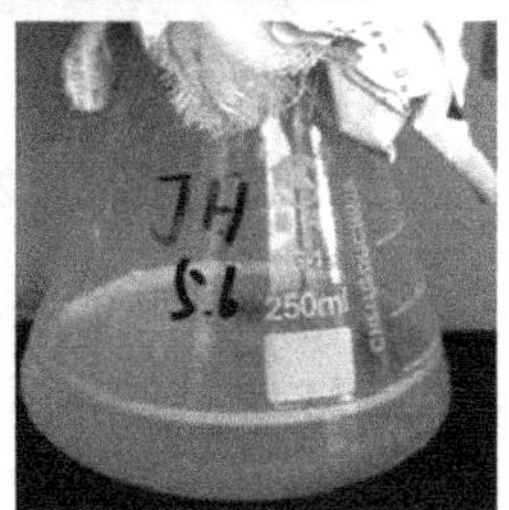

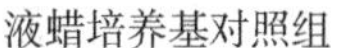

液蜡培养基对照组　　液蜡培养基　XB菌株　　液蜡培养基　JH菌株

图 6.3　菌株对液蜡的乳化效果

二、解烃菌的菌种鉴定

（一）革兰氏检验

革兰氏染色结果表明，4 种菌都是革兰氏阳性菌。

（二）解烃菌酶活性检测

由表 6.5 可以看出，4 种菌都具有触媒的活性。LH 菌株具有降解淀粉的能力，可以产生降解淀粉的酶类；DB 菌株可以使明胶液化；DB 菌株和 LH 菌株可以利用尿素；4 种菌株都不具备降解纤维素的能力。

表 6.5　4 种菌株的酶活性检测结果

项目	XB 菌株	DB 菌株	LH 菌株	JH 菌株
淀粉水解试验	−	−	+	−
明胶液化试验	−	+	−	−
脲酶试验	−	+	+	−
触媒试验	+	+	+	+
纤维素分解试验	−	−	−	−

注“+”表示反应结果呈阳性，“−”表示反应结果呈阴性。

（三）解烃菌氧化发酵试验

在细菌鉴定中，糖类发酵产酸、含碳化合物的利用是重要的依据。细菌对糖类的利用有两种类型：一种是从糖类发酵产酸，不需要以分子氧作为最终的氢受体，称为发酵产酸；另一种则以分子氧作为最终的氢受体，称为氧化型产酸。这一试验被广泛应用于细菌分类鉴定。本试验对分离出的 4 种解烃菌进行了葡萄糖、乳糖、蔗糖、木糖和麦芽糖等氧化发酵试验，结果见表 6.6。

表 6.6 4 种菌株的代谢产物检测结果

项目	XB 菌株		DB 菌株		LH 菌株		JH 菌株	
柠檬酸盐利用试验	+		+		+		+	
甲基红试验	+		−		−		+	
V-P 测定试验	+		+		+		+	
吲哚试验	+		−		−		+	
乳糖氧化发酵	−		−		−		−	
山梨醇氧化发酵	−		−		−		+	
蔗糖氧化发酵	−		−		−		−	
木糖醇氧化发酵	−		+		−		−	
麦芽糖氧化发酵	−		+		+		−	
果糖氧化发酵	+		+		+		+	
	开管	闭管	开管	闭管	开管	闭管	开管	闭管
葡萄糖氧化发酵	−	+	+	+	+	+	+	+
	氧化型		发酵型		发酵型		发酵型	

注“+”表示反应结果呈阳性，“−”表示反应结果呈阴性。

（四）解烃菌耐盐性检测

配制含不同浓度 NaCl 的 LB 液体培养基，接种培养观察，发现 4 种菌株在 NaCl 浓度为 0 时均能正常生长。DB 菌株的耐盐性最强，达到了 8%；XB 菌株的耐盐性最差，仅为 5%；LH 菌株和 JH 菌株的耐盐性达到 7%。

（五）解烃菌温度耐受范围检测

使用生化恒温培养箱，在不同的温度下对 4 种菌株进行培养。观察结果表明，4 种菌株中 DB 菌株的耐受温度最高，达到 55 ℃，其他 3 种的最高耐受温度为 50 ℃。

XB 菌株在 LB 平板 37 ℃培养 24 h 以上即形成圆形菌落，菌落边缘整齐，表面干燥，白色；其菌体形态为球状，菌体细胞革兰氏染色呈阳性，厌氧，大多数菌体成对分布。生长温度最高 50 ℃，NaCl 耐受性 0%~5%；触酶试验、柠檬酸盐利用试验、V-P 测定试验、吲哚试验和甲基红试验均为阳性，脲酶试验、淀粉水解试验、明胶液化试验和纤维素水解试验皆为阴性。

DB菌株在LB平板37 ℃培养12 h以上即形成圆形菌落，菌落边缘整齐，表面湿润，乳白色；其菌体形态为杆状，菌体细胞革兰氏染色呈阳性，好氧，大多数菌体成对分布。生长温度最高55 ℃，NaCl耐受性0%～8%；触酶试验、明胶液化试验、柠檬酸盐利用试验、脲酶试验和V-P测定试验均为阳性，淀粉水解试验、吲哚试验、纤维素水解和甲基红试验皆为阴性。

LH菌株在LB平板37 ℃培养18 h以上即形成圆形菌落，菌落边缘整齐，亮黄色；其菌体形态为杆状，菌体细胞革兰氏染色呈阳性，好氧。生长温度最高50 ℃，NaCl耐受性0%～7%；触酶试验、柠檬酸盐利用试验、脲酶试验、淀粉水解试验和V-P测定试验均为阳性，吲哚试验、纤维素水解试验、甲基红试验和明胶液化试验皆为阴性。

JH菌株在LB平板37 ℃培养16 h以上即形成圆形菌落，菌落边缘整齐，橘黄色；其菌体形态为球状，菌体细胞革兰氏染色呈阳性，好氧。生长温度最高50 ℃，NaCl耐受性0%～7%；触酶试验、柠檬酸盐利用试验、甲基红试验、V-P测定试验和吲哚试验均为阳性，纤维素水解试验、明胶液化试验、淀粉水解试验和脲酶试验皆为阴性。

（六）解烃菌16S rRNA序列分析

16S rRNA广泛存在于真核和原核生物，功能稳定，由高度保守区和可变区组成。16S rRNA分子大小为1 500 bp左右，所代表的信息量既能反应生物界的进化关系，又较容易进行操作，可适用于各级分类单元，因此是目前进行系统分类和进化研究的最理想材料。

XB菌株和JH菌株的16S rRNA扩增产物片段大小均约为1.5 kb，经生工生物工程（上海）股份有限公司测序，分别得到1 541 bp和1 552 bp的16S rRNA序列。分别将两株菌的16S rRNA序列与GenBank数据库中的序列进行比对，采用软件Clustal和Mega对被测菌株及其亲缘关系相近菌株的16S rRNA序列进行分析，构建系统进化树。

XB 菌株的 16S rRNA 基因序列长度为 1 541 bp，序列分析表明，该菌与 *Ralstonia* 属其他种的相似性为 96%～99%（图 6.4），其中与 *Ralstonia pickettii* strain TA 的相似性最高，同源性为 99%。

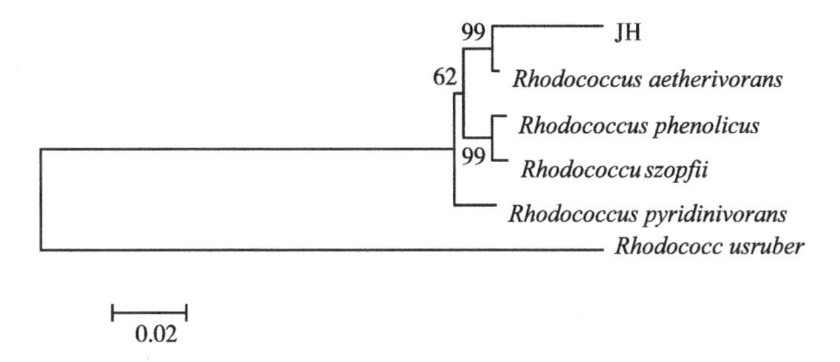

图 6.4　基于 16S rRNA 基因序列分析的 XB 菌株的进化树

JH 菌株的 16S rRNA 基因序列长度为 1 552 bp，序列分析表明，该菌与 *Rhodococcus* 属其他种的相似性为 98.2%～99%（图 6.5），其中与 *Rhodococcus aetherivorans* 的 16S rRNA 序列相似性为 99%。今后还须通过测定 GC 含量及 DNA 分子杂交的方法加以验证。

结合生理生化试验和 16S rRNA 基因序列分析，初步鉴定 XB 菌株属于 *Ralstonia* 属，命名为 *Ralstonia* sp. XB，JH 菌株属于 *Rhodococcus* 属，命名为 *Rhodococcus* sp. JH。

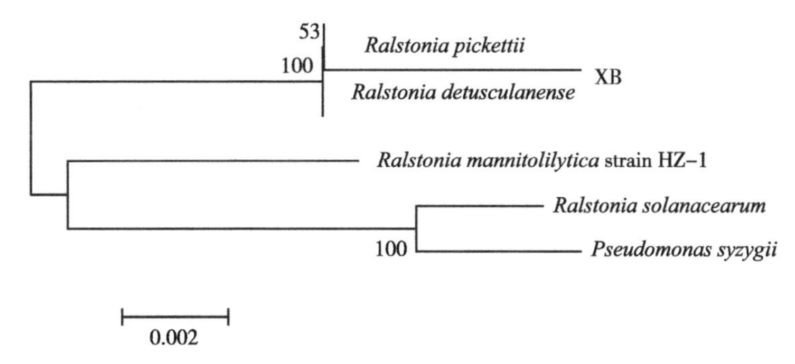

图 6.5　基于 16S rRNA 基因序列分析的 JH 菌株的进化树

第三节　黄河三角洲土壤微生物对石油的降解性质研究

一、JH 菌株对烃类物质的降解特性及解烃试验

（一）JH 菌株对原油的降解特性

将 JH 菌株在 LB 平板上进行活化，取单菌落接入 5 mL LB 液体培养基中过夜培养，以 1%接种量接种至 100 mL LB 液体培养基中，37 ℃振荡培养 5 h 至对数生长期，以 10% 接种量接种至装有 100 mL 含有不同烷烃或原油为碳源的无机盐培养基的锥形瓶中，37 ℃培养 3 d。用气相色谱法分析该菌株对不同碳数烷烃的降解率，用红外测油仪测定原油的降解率，用高压气相色谱法进行残留原油的气相色谱分析，结果如图 6.6 所示。该菌株对 C12～C32 烷烃降解率均在 65.6%以上，对原油的降解率可达 82.5%。

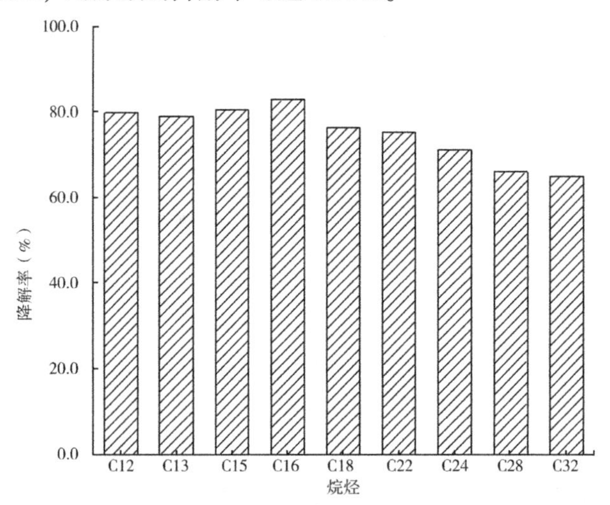

图 6.6　JH 菌株对不同碳数烷烃的降解率

（二）JH 菌株在不同盐度下对原油的降解情况

在以原油为碳源的无机盐培养基中，添加不同浓度的 NaCl，接入 JH 菌株，3 d 后用红外测油仪测定不同浓度下的原油降解率，结果如图 6.7 所示。JH 菌株在 NaCl 浓度 0%～12%的范围内对原油都有不同程度的降解，在 0%～5%的范围内降解率基本都在 70%以上，最高 74.5%；随着盐浓度的升高降解率逐渐降低，NaCl 浓度为 12%时，原油降解率为 45.4%。试验结果表明，烃降解菌 JH 对 NaCl 有很好的耐受性。

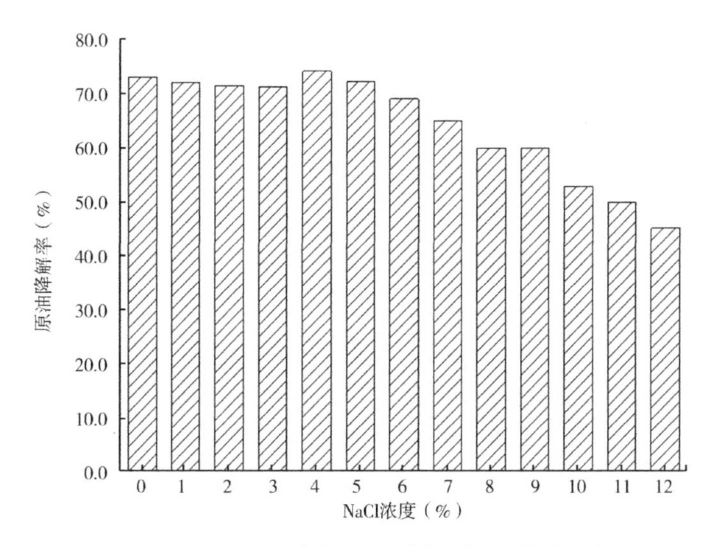

图 6.7　不同 NaCl 浓度下 JH 菌株对原油的降解率

（三）JH 菌株产生生物乳化剂的条件

通过优化培养基组分、培养条件（通氧量，发酵周期等）等试验获得 JH 菌株产生生物乳化剂的最佳培养基为 Na_2HPO_4 1.5 g·L^{-1}，KH_2PO_4 3.48 g·L^{-1}，$MgSO_4$ 0.7 g·L^{-1}，$(NH_4)_2SO_4$

4 g · L^{-1}，酵母粉 0.01 g · L^{-1}，0#柴油 2%（v/w）和蒸馏水 1 000 mL，pH 值自然，121 ℃灭菌 30 min。最佳培养条件：初始 pH 值 7.2，37 ℃，130 r · min^{-1}培养 72 h。该培养条件下，加入的液蜡能够完全乳化，其对柴油的乳化指数（EI-24）可达 100%，并可稳定 7 d 以上。该乳化剂对二甲苯、甲苯、煤油和原油等也都有很好的乳化作用，结果如表 6.7 所示。

表 6.7 JH 菌株产生的生物乳化剂对不同测试烃的乳化指数（EI-24）

指标	二甲苯	甲苯	煤油	原油
EI-24（%）	100	98.6	100	90.2

（四）JH 菌株在不同盐浓度下产生生物乳化剂的情况

JH 菌株在产生生物乳化剂的培养基中培养发酵，在培养基中添加不同浓度的 NaCl（0%~10%），37 ℃，130 r · min^{-1}培养 72 h。发酵结束后，测定发酵液对柴油的乳化能力，结果如图 6.8 所示。

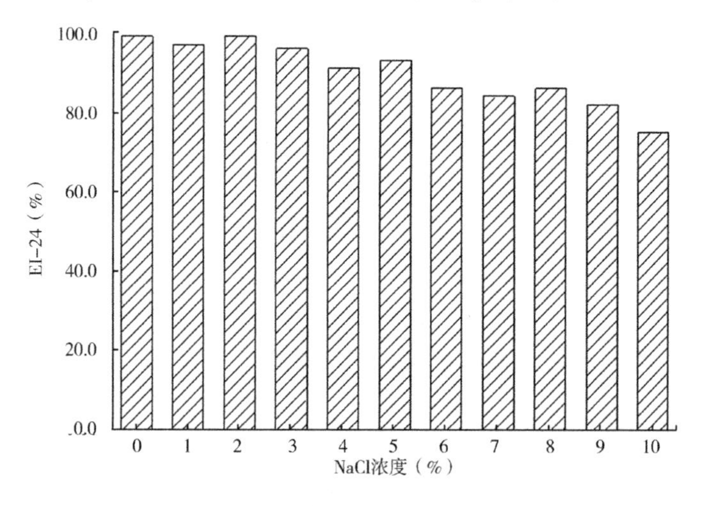

图 6.8 不同 NaCl 浓度下 JH 菌株发酵液对柴油的乳化指数

在 NaCl 浓度为 0%~5%的范围内，发酵液对柴油的乳化指数均大于 90%，随着盐浓度的升高，乳化指数降低，在 NaCl 浓度为 10%时，乳化指数为 76%。试验结果表明，JH 菌株在不同范围的盐浓度（0%~10%）下可产生生物乳化剂，其发酵液对柴油有很好的乳化效果。

二、XB 菌株对多环芳烃的降解特性及解烃试验

（一）XB 菌株在不同 NaCl 浓度下对多环芳烃（PAHs）的降解特性

XB 菌株在产生生物乳化剂的培养基中培养发酵，在培养基中添加不同浓度的 NaCl，37 ℃，130 r · min^{-1} 培养 72 h。发酵结束后，测定发酵液对多环芳烃的降解能力，结果如图 6.9 所示。无盐

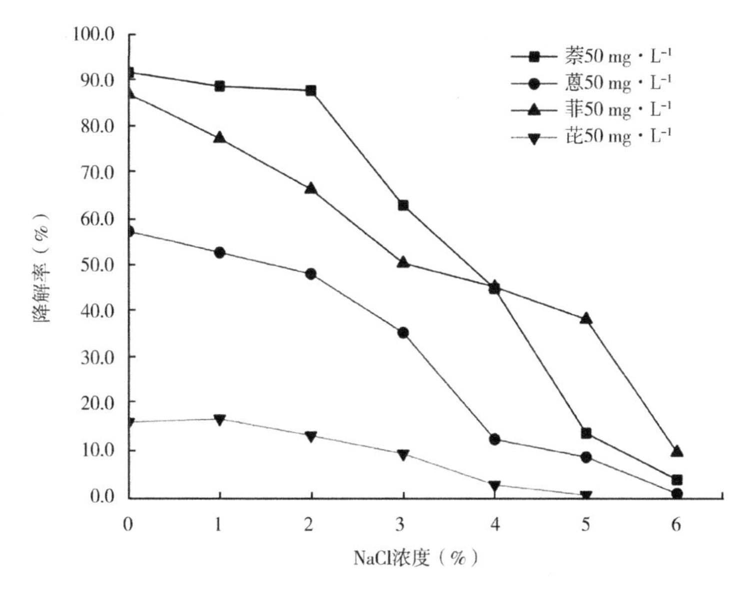

图 6.9　XB 菌株在不同 NaCl 浓度下对多环芳烃的降解率变化

胁迫条件下发酵液对多环芳烃的降解率可达 90%以上。在 NaCl 浓度为 1%时，降解率仍在 75%以上。随着盐浓度的升高，降解率降低。试验结果表明，XB 菌株在不同 0%~6%范围的盐浓度下可产生生物乳化剂，其发酵液对多环芳烃有很好的降解效果。

（二）XB 菌株在不同 NaCl 浓度下对原油的降解特性

将菌株在 LB 平板上进行活化，取单菌落接入 5 mL LB 液体培养基中过夜培养，以 1%接种量接种至 100 mL LB 液体培养基中，30 ℃振荡培养 8 h 至对数生长期，以 10% 接种量接种至装有 100 mL 含有原油为碳源的无机盐培养基的三角瓶中，培养基中分别添加 0%~6% 的 NaCl，30 ℃振荡培养 5 d，用红外测油仪测定原油的降解率，结果如图 6.10 所示。菌株对不同碳数直链烷烃的降解，采用气相色谱法（GC 法）测量，结果如图 6.11 所示。该菌株在 0%~5%的 NaCl 浓度范围内对原油的降解率均在 60.0%以上，对 C12~C32 的烷烃降解率均在 60.0%以上。

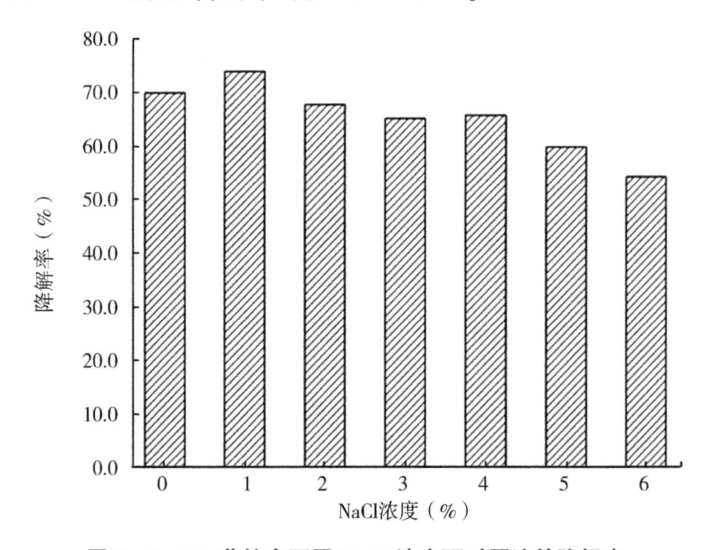

图 6.10　XB 菌株在不同 NaCl 浓度下对原油的降解率

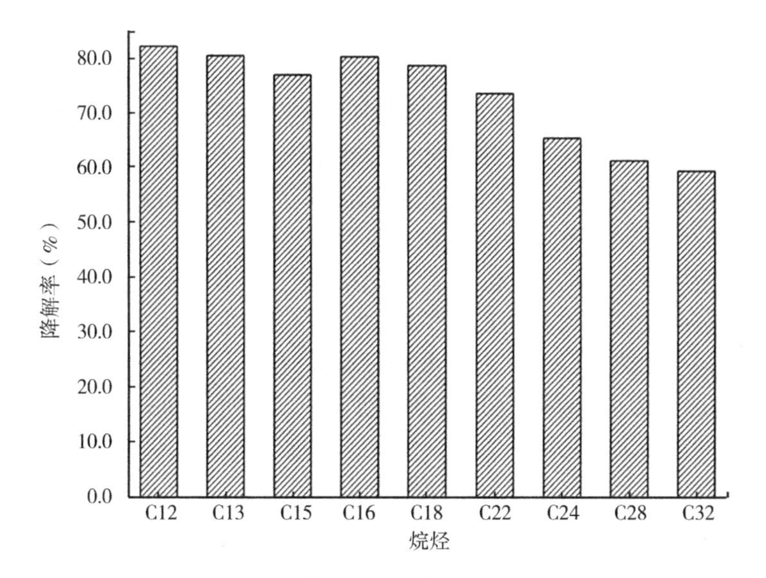

图 6.11　XB 菌株对不同碳数烷烃的降解率

第四节　黄河三角洲土壤微生物对石油污染土壤的修复作用

一、JH 菌株对石油污染土壤的修复作用

供试土壤样品是未受石油污染的农田盐碱土，掺杂的原油为胜利油田原油。供试土样去除石块、杂草，研磨后过 2 mm 筛，置入烧杯中，添加采自胜利油田的原油充分搅拌，于阴暗处晾干后进一步研磨过 2 mm 筛，使土壤和原油混合均匀，其中油含量约为 2 g · kg^{-1}。

将 JH 菌株在最适条件下发酵产生生物乳化剂，将发酵液以不同量投加到供试土壤中去，投加量分别为 100 mL · kg^{-1}、150 mL · kg^{-1}、200 mL · kg^{-1}和 250 mL · kg^{-1}干土，其中，生物乳化剂含量（占干土）分别为 12.6 mg · kg^{-1}、18.9 mg · kg^{-1}、25.2 mg · kg^{-1}和 31.5 mg · kg^{-1}。设两组对照，第一组将斜面上生长的 JH 菌株刮入无菌水中，制成菌悬液投加至测试土壤中；第二组以不加任何菌株和发酵液的土壤为对照。所有土样均每天翻耕 1 次，每天加水 20 mL 以保持土壤水分。间隔一段时间采样，采用红外测油仪测定土壤中石油含量，即称取土样 5 g 置于 125 mL 磨口三角瓶中，再加入 20 mL CCl_4，振荡片刻，放置过夜，将上清液经无水硫酸钠过滤到 50 mL 容量瓶中，随后再加入 10 mL CCl_4在 60 ℃水浴上加热 30 min，上清液经过漏斗（漏斗中放入滤纸，上层添加 10 g 无水硫酸钠）过滤到容量瓶中，再用 10 mL CCl_4清洗三角瓶和滤斗上的无水硫酸钠，最后将容量瓶用 CCl_4定容至 50 mL，用红外仪测定石油烃含量，计算烃去除率。

结果如图 6.12 所示，降解 8 d 后，测试土壤含油量，发现烃

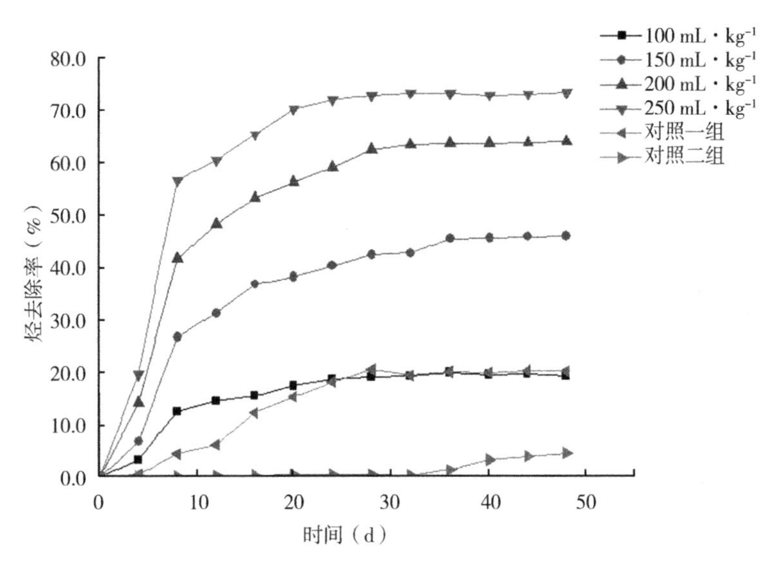

图 6.12　生物乳化剂发酵液不同投加量条件下对土壤中石油烃的去除率曲线

去除率分别为12.3%、26.9%、41.8%和56.8%，对照一组烃去除率为4.5%，不加菌液的对照二组几乎没有降解。降解后期添加生物乳化剂发酵液的供试土壤及对照一组中烃降解率都有明显提高。

二、XB菌株对多环芳烃（PAHs）污染土壤的修复作用

供试土壤样品是未受石油污染的农田盐碱土，掺杂萘、蒽、菲、芘等多环芳烃。供试土样去除石块、杂草后研磨过2 mm筛，置入烧杯中向其中添加购自生工生物工程（上海）股份有限公司的萘、蒽、菲、芘充分搅拌，浓度均为50 $mg \cdot kg^{-1}$。于阴暗处晾干后进一步研磨过2 mm筛，使土壤和PAHs混合均匀。采用超声提取法和GC法检测供试土壤中的各种PAHs含量。由于提取和测试误差的存在，实际测得的供试土样中萘、蒽、菲、芘的量分别是萘46.8 $mg \cdot kg^{-1}$、蒽40.1 $mg \cdot kg^{-1}$、菲43.5 $mg \cdot kg^{-1}$、芘42.6 $mg \cdot kg^{-1}$。

将XB菌株在添加2%液蜡的无机盐培养基中培养，菌浓度达到1×10^8个/mL。称取200 g供试土壤装于500 mL烧杯中，烧杯中加入200 mL菌液，搅拌均匀，室温放置；设置对照组，对照组添加200 mL无菌的培养基。试验组和对照组都保持土壤水分含量为25%~30%，每天翻耕1次，所有处理均设置3个重复。间隔一段时间采样。土壤中的PAHs采用超声法和GC法测定，计算不同时期土壤样品中PAHs总含量，进而计算出PAHs的降解率，结果如图6.13所示。

在监测周期（6月4日至8月17日）内，土壤样品中PAHs的降解率达到了77.9%，说明XB菌株可用于多环芳烃污染土壤的现场治理；对照组由于土样中少量本源菌的激活也使得PAHs的量减少，但是不明显。

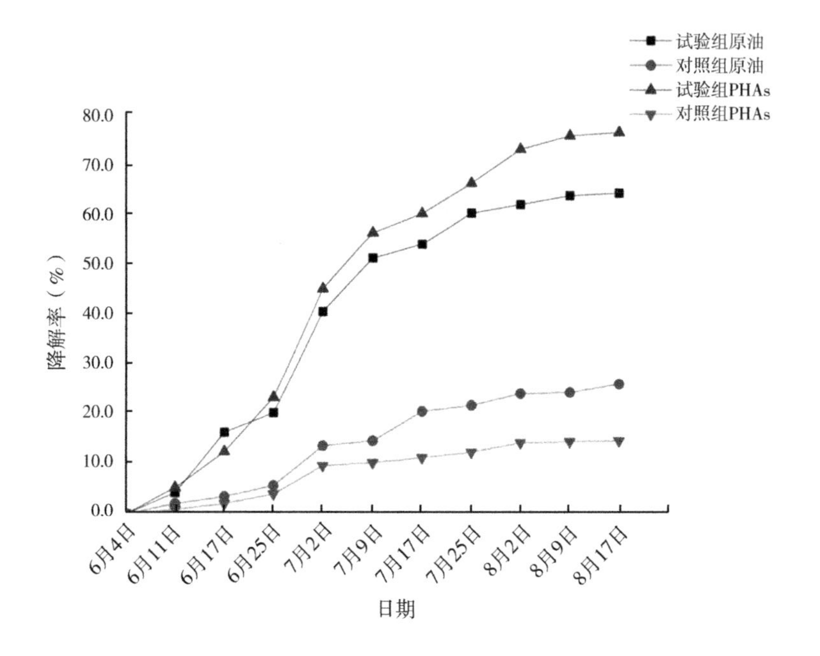

图 6.13　室内模拟 XB 菌株对土壤中 PAHs 的总降解率

第七章　黄河三角洲土壤污染生态修复示范研究

第一节　黄河三角洲土壤重金属污染的生态修复示范

黄河三角洲各典型生态系统土壤污染状况的调查结果表明，Cd、Cu、Zn、Pb 等主要重金属元素基本未对该区土壤产生危害（在所调查的果园、菜地、棉地、麦地、草场、荒地 6 种土地利用类型中，只有果园土壤中的 Cu、棉地土壤中的 Cd 的内梅罗污染指数达到警戒级，其余均为清洁级）。因此，本部分研究选取分别处于警戒级污染水平的果园、棉地作为室外修复试验现场，以进一步阐明所筛选出的 4 种植物对重金属污染土壤的修复效果。

一、重金属污染土壤的植物修复示范

（一）材料与方法

供试植物物种为齿果酸模（*Rumex dentatus* L.）、狗牙根［*Cynodon dactylon*（Linn.）Pers.］、紫花苜蓿（*Medicago sativa* Linn.）、灰绿藜（*Chenopodium glaucum* Linn.）。

选择滨州市滨城区远郊冬枣种植园及棉地作为室外修复试验场。冬枣园位于滨州市滨城区滨北办事处崔家楼村，棉地位于滨州市滨城区秦皇台乡罗家堡村。

每个试验场选择适当地段设置修复处理小区和对照小区，于

2010 年春季生长季开始前进行土壤整平，向修复小区内分别撒播上述 4 种植物种子进行试验。在整个生长期内未施任何肥料，也未进行人工灌溉，尽可能保持试验样地与对照样地生长条件一致，并确保植株自然生长。

为便于比较 4 种植物的修复效果，本试验的处理周期设为 120 d左右（自植物幼苗出土时算起）。4 种植物栽培试验时间如表 7.1 所示。

表 7.1　重金属修复用 4 种植物栽培时间

植物种	播种时间	收割时间	生长周期（d）
齿果酸模	2010 年 3 月 24 日	2010 年 7 月 2 日	120
狗牙根	2010 年 3 月 24 日	2010 年 7 月 2 日	120
紫花苜蓿	2010 年 3 月 25 日	2010 年 7 月 3 日	119
灰绿藜	2010 年 3 月 24 日	2010 年 7 月 3 日	121

植物材料与土壤样品的采集、处理与分析方法同第五章。

（二）数据处理与分析

采用 Excel 2010 和 SPSS 17.0 对所测的数据进行整理汇总和统计分析；采用 One-way ANOVA 进行处理间差异性检验（Duncan's 检验）。

二、4 种植物对果园（冬枣园）土壤重金属污染的修复效果

（一）4 种植物对冬枣园土壤重金属的富集能力

从表 7.2 可以看出，栽种 4 种植物对冬枣园土壤重金属污染有一定的缓解作用，且 4 种植物对 4 种重金属的富集能力存在较大差异。其中，齿果酸模的富集能力最强，对重金属 Cu、Zn、Pb 和

Cd 的富集能力分别达到 29.06%、40.02%、38.08%和 36.36%，其次为狗牙根；紫花苜蓿对土壤中 4 种重金属元素的富集能力较弱，灰绿藜最弱。但 4 种植物对土壤中重金属 Zn 的富集作用均较为明显。

表 7.2　4 种植物对土壤重金属的富集作用 单位：mg · kg^{-1}

植物种	Cu	Zn	Pb	Cd
齿果酸模	26.12±2.78a	58.34±6.23a	22.13±3.02a	0.252±0.026a
狗牙根	26.09±3.11a	59.36±6.39a	27.33±3.79ab	0.275±0.031ab
紫花苜蓿	29.37±3.86ab	68.93±9.01ab	29.94±3.97b	0.298±0.024b
灰绿藜	32.15±3.54bc	69.52±8.34ab	30.28±3.26bc	0.357±0.037c
对照	36.82±3.95c	97.26±12.17c	35.74±3.43c	0.396±0.045cd

注：表中数据为土壤中重金属元素含量；小写字母不同代表植物种间差异显著（$P<0.05$）。

（二）4 种植物对果园土壤重金属污染修复作用

从图 7.1 可以看出，所筛选的 4 种植物对果园土壤中 Cu 的吸收能力有一定差异。其中，齿果酸模和狗牙根对 Cu 的吸收能力较弱，处理后的土壤与对照相比，其 Cu 含量有显著的降低；而紫花苜蓿与灰绿藜对 Cu 的吸收能力较弱。从总体来看，几种植物对 Cu 污染土壤的修复能力均未达到强的水平，且处理后土壤 Cu 含量仍高于山东省土壤背景值（22.85 mg · kg^{-1}）。

从图 7.2 可知，4 种植物对果园土壤重金属 Zn 有一定的吸收能力，且处理后的土壤 Zn 含量与对照组有显著差异，吸收能力大小依次为齿果酸模>狗牙根>紫花苜蓿>灰绿藜，尤其是齿果酸模与狗牙根两种植物，处理后土壤中 Zn 含量已低于山东省土壤 Zn 的背景值（61.56 mg · kg^{-1}）。

从图 7.3 来看，齿果酸模对冬枣园土壤中重金属 Pb 的吸收能力最强，且经处理后的土壤 Pb 含量与对照有显著差异；其次为狗

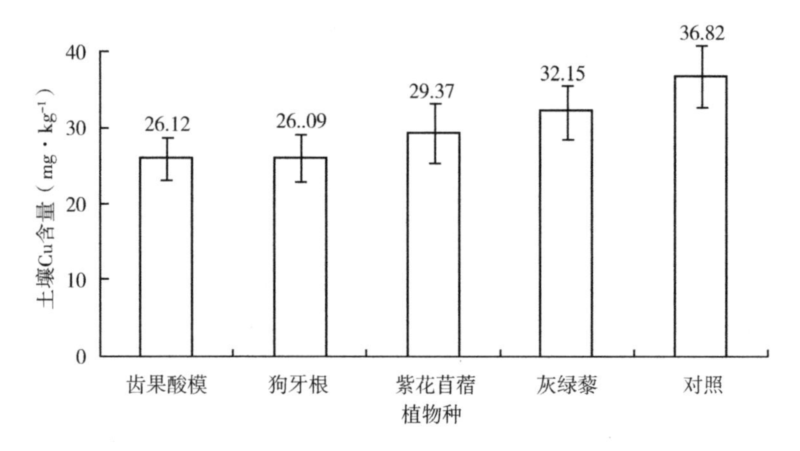

图 7.1　4 种植物对果园 Cu 污染土壤的修复效果比较

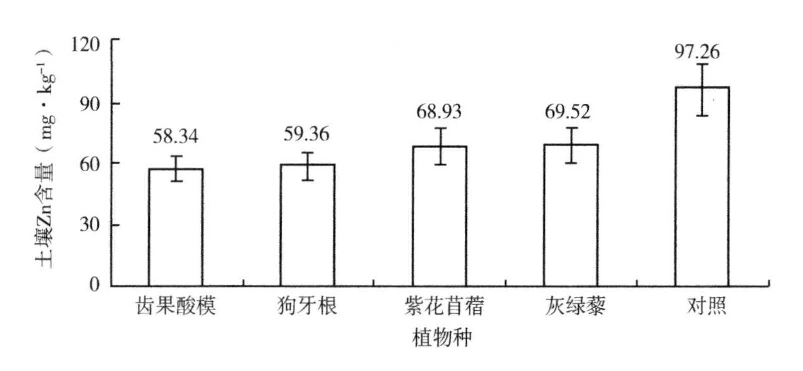

图 7.2　4 种植物对果园 Zn 土壤污染的修复效果比较

牙根，其种植后土壤中的 Pb 含量也明显降低。紫花苜蓿、灰绿藜对土壤重金属 Pb 的吸收能力较弱。但总体来讲，都未达到富集植物的标准。

从图 7.4 可以看出，4 种植物中，齿果酸模、狗牙根及紫花苜蓿对土壤中重金属 Cd 的吸收能力较强，但经处理后的土壤 Cd 含

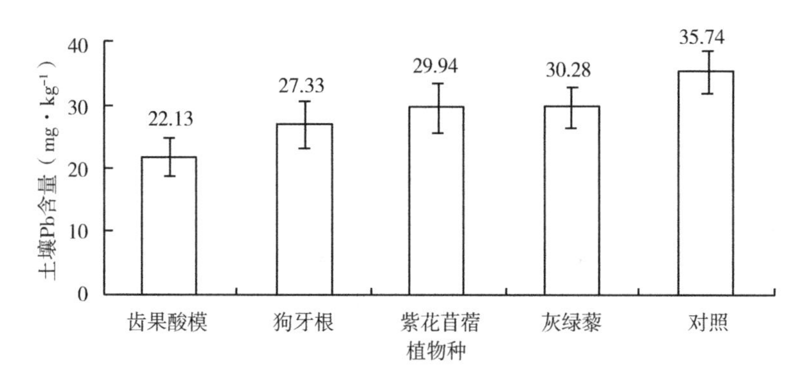

图 7.3　4 种植物对果园 Pb 污染土壤的修复效果比较

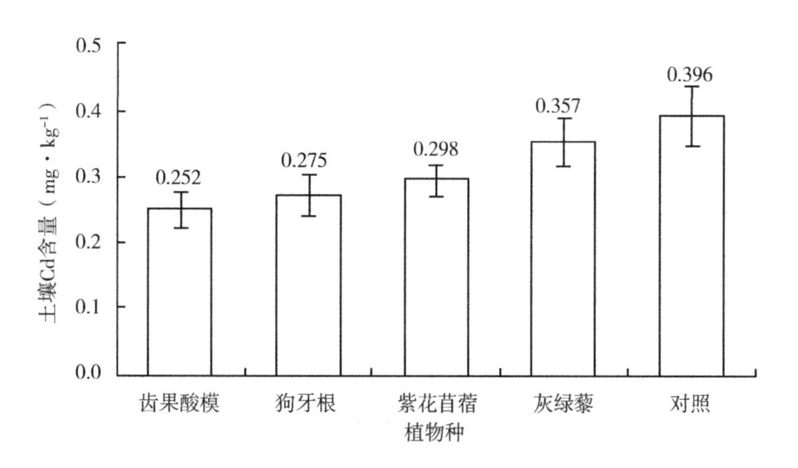

图 7.4　4 种植物对果园 Cd 土壤污染的修复效果比较

量仍高于 0.2 mg · kg^{-1}，修复的效果依然不是很理想，但也已表明自然种植条件下，齿果酸模等 3 种植物对 Cd 污染土壤具有一定的修复能力。

三、4种植物对棉地土壤重金属污染的修复效果

（一）4种植物对棉地土壤重金属的富集能力

从表7.3可知，通过在棉地中栽植齿果酸模等4种植物，其土壤中的重金属含量有较为明显的降低；其中，仍以重金属Zn含量的降低最为明显。相对于其他3种植物，齿果酸模在实地试验中表现出强的重金属修复能力，其次为狗牙根。齿果酸模对棉地土壤中Cu、Zn、Pb和Cd的富集能力分别达到26.80%、48.71%、41.81%和48.53%。

表7.3　4种植物物种对棉地土壤重金属的富集作用

单位：mg·kg^{-1}

植物种	Cu	Zn	Pb	Cd
齿果酸模	23.52±2.51a	57.64±6.31a	21.93±2.47a	0.210±0.025a
狗牙根	24.89±2.76a	59.32±6.09a	25.75±3.11ab	0.254±0.032ab
紫花苜蓿	27.42±3.21ab	70.06±8.24b	27.34±3.42b	0.279±0.034b
灰绿藜	28.76±3.42bc	74.28±8.11ab	29.63±3.78bc	0.313±0.041c
对照	32.13±4.03c	112.37±10.92c	37.69±4.21c	0.408±0.062cd

注：表中数据为土壤中重金属元素含量；小写字母不同代表植物物种间差异显著（$P<0.05$）。

（二）4种植物对棉地土壤重金属污染的修复作用

从图7.5不难看出，4种植物对棉地土壤重金属的吸收能力存在一定差异，以齿果酸模的吸收能力最强；对于不同重金属元素，齿果酸模具有不同的吸收效果。但总体来讲，齿果酸模和狗牙根对土壤Zn、Cd的吸收能力要优于其他两种植物，在土壤重金属污染的修复中具有一定的应用价值。

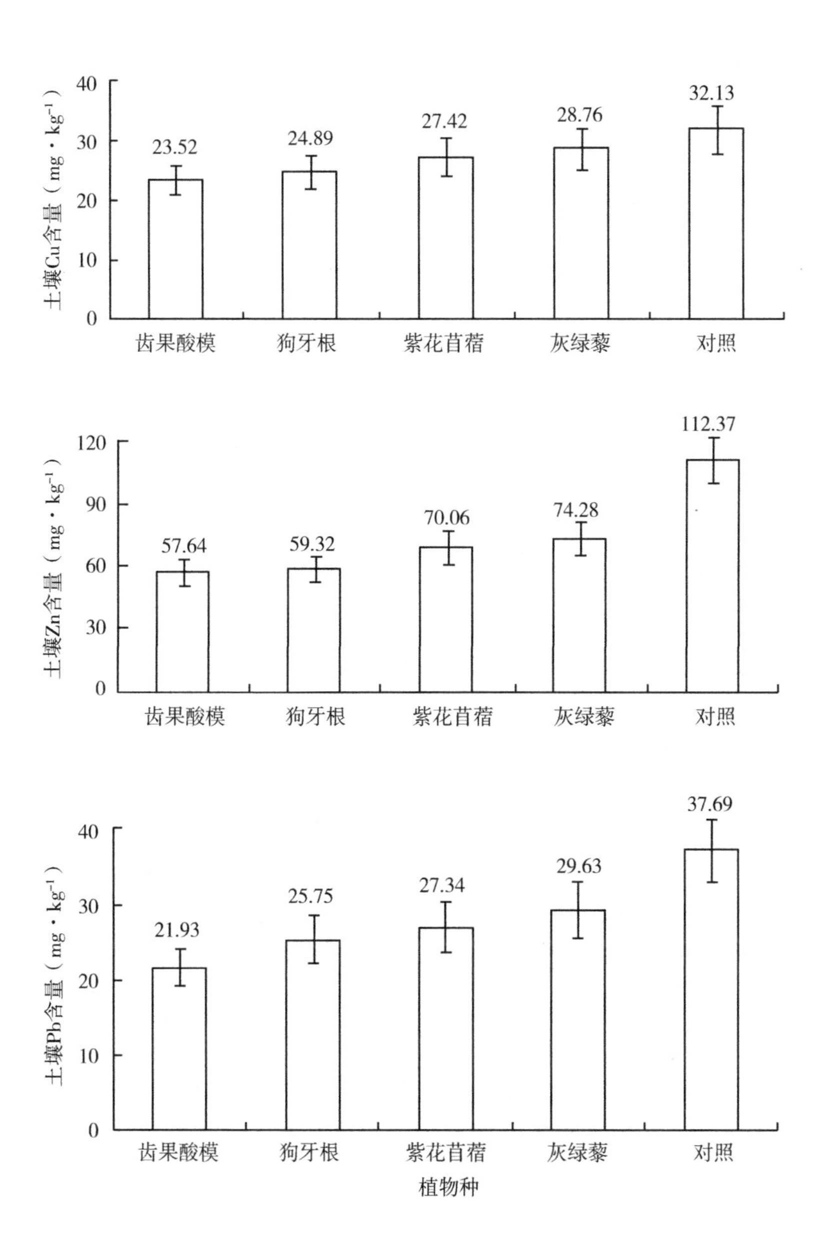
40
30
20
10
0
土壤Cu含量（mg·kg⁻¹）
23.52
24.89
27.42
28.76
32.13
齿果酸模
狗牙根
紫花苜蓿
灰绿藜
对照
120
90
60
30
0
土壤Zn含量（mg·kg⁻¹）
57.64
59.32
70.06
74.28
112.37
齿果酸模
狗牙根
紫花苜蓿
灰绿藜
对照
40
30
20
10
0
土壤Pb含量（mg·kg⁻¹）
21.93
25.75
27.34
29.63
37.69
齿果酸模
狗牙根
紫花苜蓿
灰绿藜
对照
植物种

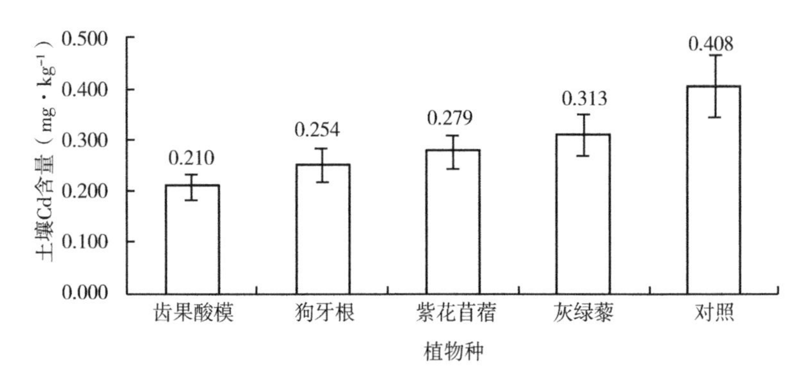

图 7.5　4 种植物对棉地土壤重金属 Cu、Zn、Pb、Cd 的吸收能力

四、修复效果分析

黄河三角洲的重型或高污染型工业发展程度不高，因此，总体来讲各生态系统类型中土壤的重金属污染状况并不严重。从前期调查分析结果来看，只有少数几种土地利用方式中，Cu、Cd 的含量处于警戒级。

本次修复试验结果表明，所筛选出的 4 种植物对土壤中 Cd、Zn、Cu 和 Pb 等重金属元素有一定的吸收能力，经过试验处理后能够降低土壤中相关重金属的含量降低，以齿果酸模的效果最佳。不同土地利用方式对 4 种植物的重金属吸收能力也有一定的影响，如在棉地种植的 4 种植物，其吸收重金属的综合效果要略好于在冬枣园中的效果，可能与棉地土壤具有较好的肥力状况有关。

综合分析 4 种植物对重金属的吸收能力，齿果酸模具有较好的应用前景。从本地区土壤的实际状况来看，重金属污染尚未对土壤系统产生大的危害；但从另一角度来看，这更需要环境、生物、化学等相关领域学者多一些相关研究，以阐明和解决重金属污染等问题。

第二节　黄河三角洲土壤石油污染的生态修复示范

一、JH 菌株对 1#试验田石油污染土壤的实地修复

（一）试验材料

以前期筛选得到的 JH 菌株为试验菌株，经过发酵处理后得到高浓度发酵液，用于土壤石油污染的实地修复。

（二）试验样地

试验样地选在滨州市滨城区东石村辖地某油井附近，在同一地段设对照样地（土壤状况相同）。根据实地具体情况，样地大小为 100 m^2。

（三）试验方法

考虑到实地修复与室内试验条件相差较大，因此，在现场试验过程中对场地进行了平整与翻耕处理，并配制添加营养液与化学肥料。具体如下。

①将待修复场地平整好，将添加剂（麦麸）按 0.45 $kg \cdot m^{-2}$ 的量，均匀撒入整个修复区，经多次翻耕使加入的添加剂均匀混入修复层中。

②将 JH 菌株在产生物乳化剂的最适培养基和发酵条件下培养发酵，用喷雾器将发酵液（200 L）喷洒到石油污染的 1#试验田中（均匀施入）。

③配制营养液，营养液的主要成分：蛋白胨、酵母粉，以及 $MgSO_4$、NH_4NO_3、$CaCl_2$、$FeCl_3$、KH_2PO_4 等无机盐成分，营养液以相同量均匀喷入。

④整个修复区按每 667 m^2 均匀撒入尿素 30 kg 和 KH_2PO_4 20 kg。

⑤再次用耕作机械多次翻耕，使加入的麦麸、菌液、营养液和化肥均匀混入修复层中。

修复区土壤含水量保持自然水平/状态。在一定时间间隔取样，取样方法是在修复区以梅花状取 5 个不同点的同一深度土样（0~10 cm），然后充分混合用四分法取样待测/备用。

现场修复试验时间为 6—8 月（试验周期为 6 月 4 日至 8 月 17 日，共 74 d；此期间试验场平均气温 28 ℃，雨水充足）。试验过程中间隔一段时间（一般为 7 d）采样 1 次，测定土壤中石油烃含量，计算烃去除率。

（四）试验结果

1. JH 菌株现场修复情况

如表 7.4 所示，在现场试验过程中，随处理时间的延长，JH 菌株对土壤中石油烃的降解作用不断增强；与对照组相比，处理组土壤石油烃无论降解幅度还是降解速率都要高很多，而至现场试验结束（第 74 d），处理组土壤石油烃含量仅为对照组土壤石油烃含量的 32.50%。

表 7.4　加入 JH 菌株后土壤中石油烃含量的变化

单位：g · kg^{-1}

处理	0 d	7 d	14 d	21 d	28 d	35 d	42 d	49 d	56 d	63 d	70 d	74 d
处理组	22.42	20.51	17.64	12.82	11.73	10.74	9.25	8.67	8.16	7.73	7.20	6.32
对照组	22.16	21.87	21.47	21.34	20.74	20.41	19.88	19.83	19.72	19.61	19.55	19.46

2. JH 菌株对 1#试验田生物修复效果

试验结果如图 7.6 所示。经过 74 d 的实地修复试验，1#试验田土壤烃去除率达 71.8%，石油污染得到了有效的修复。与试验组相比较，在不添加任何菌剂的对照田中，虽然土著微生物也具有降解作用，其石油污染物也有一定的减少（最高为12.2%），但远远低于试验组。

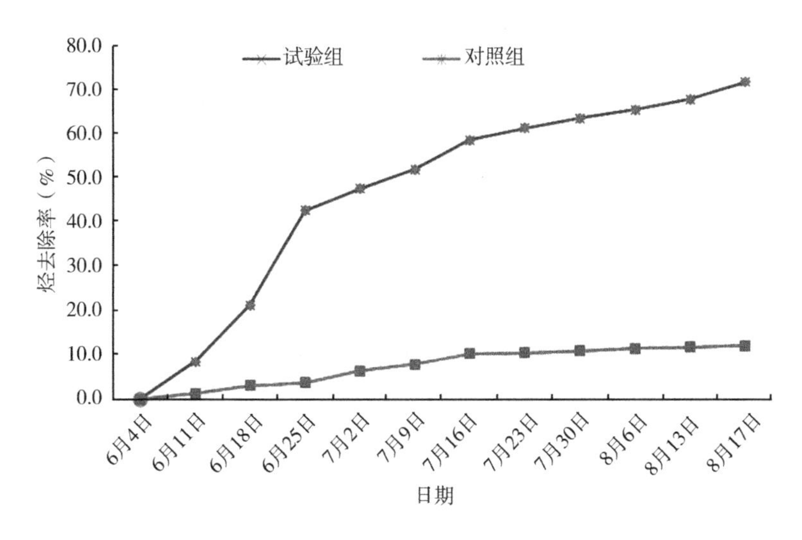

图7.6　JH菌株对1#试验田的生物修复效果

二、XB菌株对2#试验田石油污染土壤的生物修复能力

（一）试验材料

以前期筛选得到的XB为试验菌株，经过发酵处理后得到高浓度发酵液，用于土壤石油污染的现场修复。

（二）试验样田

试验样地选在滨州市城区东北部某油井附近（修复试验所在地点同JH菌株），在同一地段设对照样田（土壤状况相同）。根据实地具体情况，样地面积为100 m^2。

（三）试验方法

将 XB 菌株在添加 2%液蜡的无机盐培养基中培养，菌浓度达到 10^8个 · mL^{-1}。将发酵液（200 L）喷洒到受石油污染的 2#试验田中，具体喷施方法同 JH 菌株施入过程。

修复时间为 6 月上旬至 8 月中旬（修复场地平均气温 28 ℃，雨水充足）。设置对照田，即喷洒营养液。试验中，试验田和对照田土壤翻耕数次，间隔一段时间采样（一般为 7 d），采用 GC 法测定土壤中原油含量，气质联用（GC－MS）法分析多环芳烃（PAHs）含量。

（四）试验结果

利用 XB 菌株发酵液处理石油污染的盐碱地 60 d 后原油去除率为 60.6%，芳香烃总降解率达到 67.8%，多环芳烃污染得到了有效的修复。

三、修复效果分析

从石油污染土壤的现场修复试验结果来看（与对照相比），选用两菌株制成的修复菌剂对土壤石油烃有较强的降解能力。

JH 菌株能够以烃为碳源和能源生长，能够利用 C12～C32 的正构烷烃，对原油的降解率可达 82.5%以上，并可在修复过程中产生生物乳化剂，明显促进菌株对烷烃和原油的降解。

XB 菌株能够在盐渍化的石油污染土壤条件下以烃或多环芳烃为碳源和能源生长，并能够利用 C12～C32 的正构烷烃，最终对原油的降解率达到 60.0%左右，取得了良好的实地修复效果。

可见，JH 菌株和 XB 菌株可用于黄河三角洲盐碱土壤的石油污染修复治理，且具有很好的应用前景。

第三节　黄河三角洲土壤农药污染的生态修复示范

一、微生物菌株的分离与筛选

（一）菌株的分离与筛选

将采集的长期受有机磷农药污染的种植地土样，取 1 g 土加入 99 g 蒸馏水，制成土壤悬浮液。移取土壤悬浮液，以 20% 的接种量接种于加入一定量有机磷农药的富集液体培养基中，于 30 ℃、130 $r \cdot min^{-1}$的摇床上振荡培养 7 d 后，转移至农药浓度提高的新鲜富集培养基中，培养 7 d，连续 5 次转接直至富集培养基中有机磷农药浓度提高至 500 $mg \cdot L^{-1}$。然后用基础培养基，添加 500 $mg \cdot L^{-1}$的有机磷农药作为唯一碳源，驯化培养 2 周。用平板稀释法将驯化后的菌液涂布到含有有机磷农药 500 $mg \cdot L^{-1}$的基础培养基平板，挑取在平板上产生水解圈的单菌落重新划线培养。选择在含农药培养基上生长好、传代稳定、降解能力好的 3 株，分别命名为 B1、B2、B3。

（二）菌株形态学特征

在生物数码显微镜下对分离的 3 种菌株进行显微形态观察，包括革兰氏染色情况、菌体形态和菌体大小等。结果显示，B1 菌株在牛肉膏蛋白胨培养基上培养后，经革兰氏染色后呈蓝紫色，为革兰氏阳性杆菌，杆菌的排列按一定角度呈“V”或“Y”形，杆菌无芽孢，有鞭毛可以运动；菌落边缘不整齐，淡黄色，不透明。B2 菌株在牛肉膏蛋白胨培养基中培养，经革兰氏染色后呈蓝紫色，为革兰氏阳性杆菌，杆菌的排列按一定角度呈“V”或“Y”形，无鞭毛不运动，无芽孢；菌落边缘整齐，淡黄色，不透明。B3 菌株在牛肉膏蛋白胨培养基中培养，经革兰氏染色后呈蓝紫色，为革兰氏阳性杆菌，杆菌的排列按一定角度呈“V”或“Y”形，无鞭毛不运动，无芽孢；菌落边缘整齐，淡黄色，不透明。

（三）生理生化特性分析

经生理生化特性鉴定，所筛选的 B2 菌株、B3 菌株生理生化性状与简单节杆菌的生理生化性状相符，B1 菌株与简单节杆菌的生理生化性状基本相符（表 7.5）。

表 7.5　3 种菌株的生理生化特性

项目	B1 菌株	B2 菌株	B3 菌株
革兰氏染色	G+	G+	G+
芽孢染色	无	无	无
鞭毛染色	无	无	单生鞭毛
葡萄糖氧化发酵	氧化型	氧化型	氧化型
乙醇氧化发酵	氧化型	氧化型	氧化型
果糖	+	+	+
蔗糖	+	+	+
麦芽糖	+	+	+
乳糖	-	-	+
木糖	+	+	+
半乳糖	+	+	+
山梨醇	-	-	-
甲基红	-	-	-
甘露醇	-	-	-
V-P	+	-	-
3-酮基乳糖	-	-	-
硝酸盐还原	+	+	+
亚硝酸盐还原	-	-	-
反硝化	-	-	-
产氨	+	+	+
好氧性	兼性厌氧	兼性厌氧	兼性厌氧

（续表）

项目	B1 菌株	B2 菌株	B3 菌株
脲酶	-	+	+
产生吲哚	-	-	-
色氨酸脱氨酶	-	-	-
精氨酸双水解酶	-	-	-
鸟氨酸脱羧酶	+	+	+
赖氨酸脱羧酶	+	+	+
精氨酸脱羧酶	+	+	+
明胶液化	液化	液化	液化
产 H_2S	+	+	+
葡萄糖酸盐氧化	-	-	-
卵磷脂酶	-	-	-
淀粉水解	-	-	-
牛奶分解	酸凝	产碱	产碱

注“+”表示反应结果呈阳性，“-”表示反应结果呈阴性。

二、现场修复试验

前期筛选的 3 种菌株，经过发酵处理后得到高浓度发酵液，用于土壤农药污染实地修复研究。

修复样地选在滨城区东石村辖地某处棉地。试验样地（分为 1#试验样田和 2#试验样田）与对照样地（不添加任何菌剂）均位于同一棉地内。根据实地具体情况，样地大小为 100 m^2。

现场试验条件与室内模拟试验有较大差异，考虑到在露天状况下微生物菌株受自然因素（如温度、降水、土壤理化性质及营养状况等）的影响，因此，在现场试验过程中对场地进行了多次平整与翻耕处理，并添加肥料与营养液。具体如下。

①将待修复场地平整好，将添加剂（麦麸）按 0.3 $kg \cdot m^{-2}$左右的量，均匀撒入整个修复区，多次翻耕使加入的添加剂均匀混入修复层中。

②将3种菌株在最适培养基和发酵条件下培养发酵，用喷雾器将发酵液（各50 L）喷洒到有机磷农药污染的1#试验田中。

③配制营养液，营养液的主要成分：蛋白胨、酵母粉，以及$MgSO_4$、NH_4NO_3、$CaCl_2$、$FeCl_3$、KH_2PO_4等无机盐类。营养液以50 L均匀喷入。

④整个修复区每667 m^2均匀撒入尿素20 kg和KH_2PO_4 20 kg。

⑤再次用耕作机械多次翻耕使加入的麦麸、菌液、营养液、化肥等均匀混入修复层中。

修复区土壤含水量保持自然水平/状态。在一定时间间隔取样，取样方法是在修复区以梅花状取5个不同点的同一深度（0~15 cm）土样，然后充分混合用四分法取样测试。

现场修复试验时间为6—7月（6月12日至7月12日，此间试验场地平均气温约27 ℃，雨量充沛）。试验过程中间隔一段时间（一般为5 d）采样，测定土壤有机磷农药的含量，计算有机磷农药的降解率。

在一期修复试验完成后，以3种菌株中效果最优的B1菌株作为主试菌株，进一步开展修复试验（施入方法同上）。综合考虑前期修复试验的降解效果，设置4个添加量，即0.2 $L\cdot m^{-2}$、0.5 $L\cdot m^{-2}$、1 $L\cdot m^{-2}$和2 $L\cdot m^{-2}$。将发酵液喷施到2#试验田，时间为7月下旬至8月下旬（7月24日至8月22日，共30 d）。试验过程中，将土壤翻耕数次，并间隔一段时间（一般为5 d）采样，测定土壤有机磷农药的含量，计算土壤有机磷农药的降解率。

（一）3种菌株对土壤有机磷农药污染修复效果的比较

3种菌株对土壤有机磷农药的降解作用与降解率如表7.6及图7.7所示。从3种菌株对土壤有机磷农药降解情况来看，随着处理时间的增长，各菌株均能不断降解污染土壤中的有机磷成分，但降解效果存在一定差异，其中菌株1降解效果最佳（降解率达80%），明显优于其他两种菌株。对照组虽未添加任何外源微生物菌剂，但由于土壤本身微生物的作用，所以在处理结束后土壤有机磷农药含量也有所降低，但降幅甚小。

表 7.6　3 种菌株施入后土壤有机磷农药含量的变化

单位：mg · kg^{-1}

类别	0 d	5 d	10 d	15 d	20 d	25 d	30 d
B1 菌株	0.361	0.148	0.101	0.078	0.070	0.061	0.056
B2 菌株	0.361	0.277	0.207	0.155	0.134	0.129	0.121
B3 菌株	0.361	0.292	0.224	0.194	0.150	0.136	0.130
对照	0.361	0.358	0.352	0.347	0.343	0.340	0.338

注：各菌株试验添加量为 0.5 L · m^{-2}。

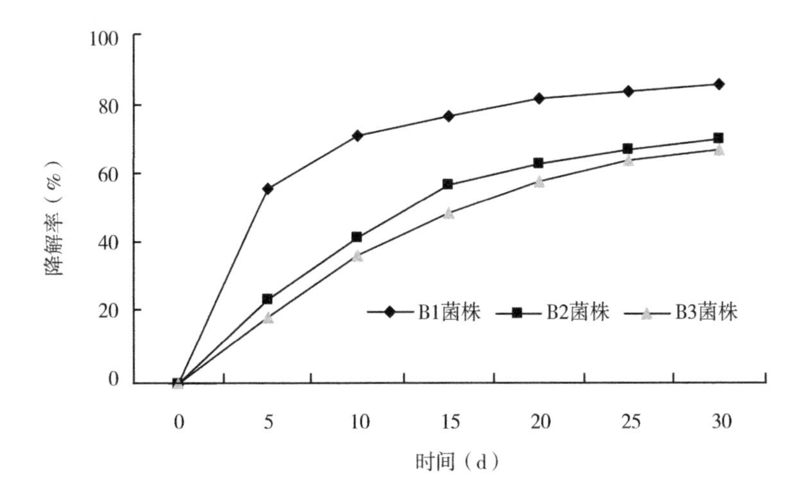

图 7.7　3 种菌株对土壤有机磷农药的降解率

注：各菌株试验添加量均为 0.5 L · m^{-2}。

(二) 菌株 1 对农田土壤有机磷农药污染的修复试验

从表 7.7 可以看出，不同浓度的菌液对土壤中有机磷农药的降解作用存在一定差异，表现为浓度越高，其降解水平越强。1 L·m^{-2}和2 L·m^{-2}两个浓度处理间虽无明显差异，但均明显优于低浓度处理组（0.2 L·m^{-2}、0.5 L·m^{-2}）。

表 7.7　施入后土壤有机磷农药含量的变化

单位：mg·kg^{-1}

添加量（L·m^{-2}）	0 d	5 d	10 d	15 d	20 d	25 d	30 d
0.2	0.372	0.277	0.210	0.157	0.140	0.129	0.124
0.5	0.372	0.224	0.177	0.141	0.124	0.104	0.100
1	0.372	0.161	0.120	0.095	0.083	0.069	0.067
2	0.372	0.153	0.110	0.093	0.080	0.064	0.060
对照	0.372	0.368	0.365	0.363	0.361	0.359	0.358

B1 菌株的不同浓度对土壤有机磷农药的修复效果如图 7.8 所示。

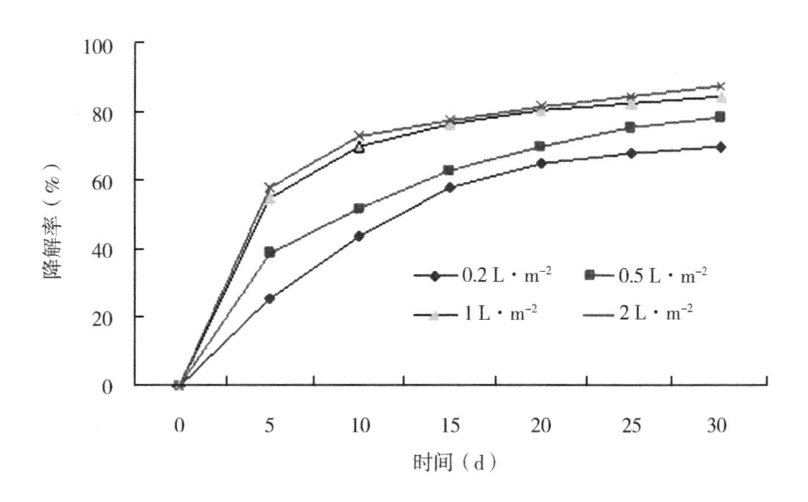

图 7.8　B1 菌株对土壤有机磷农药的降解效果

从 B1 菌株对有机磷农药的降解效果来看，随着施加浓度的提高，其降解率逐步提高，但 1 L · m^{-2}与 2 L · m^{-2}的降解效果之间无显著差异，均达到了 80%以上，表现出很好的修复效果。但总体来讲，B1 菌株作为筛选出的优势菌株，在较高浓度条件下均能有效降低土壤有机磷农药的含量水平。

三、修复效果分析

从本次修复试验结果来看，3 种菌株对有机磷农药污染土壤的修复作用表现出一定差异，尤其 B1 菌株对污染土壤的修复效果较为明显，并且在浓度为 1 L · m^{-2}时即具有了很强的修复能力，现场修复效果明显。由此可见，B1 菌株具有非常好的修复土壤农药污染的应用前景。

参考文献

白瑛，张祖锡，1989. 土壤环境与重金属［J］. 农业环境保护，8(3)：31-33，43.

陈怀满，1996. 土壤-植物系统中的重金属污染［M］. 北京：科学出版社.

陈怀满，2002. 土壤中化学物质的行为与环境质量［M］. 北京：科学出版社.

陈建刚，刘汉湖，2001. 土壤中农药污染的植物-微生物联合修复［J］. 江苏环境科技，14(4)：14-15.

陈晓东，常文越，邵春岩，2001. 土壤污染生物修复技术研究进展［J］. 环境保护科学，27(21)：23-25.

崔德杰，张玉龙，2004. 土壤重金属污染现状与修复技术研究进展［J］. 土壤通报，35(3)：366-370.

东营市环境保护局，2004. 东营市 2003 年环境统计年报资料汇编(内部资料).

东营市环境保护局，2005. 东营市 2004 年环境统计年报资料汇编(内部资料).

东营市环境保护局，2006. 东营市 2005 年环境统计年报资料汇编(内部资料).

东营市环境保护局，2007. 东营市 2006 年环境统计年报资料汇编(内部资料).

耿春香，路帅，2003. 西北地区土壤中石油类污染物的垂直渗透规律［J］. 环境污染与防治，25(1)：61-62.

郭德英，2007.黄河三角洲重金属分布状况及分析评价［J］.中国环境管理干部学院学报，47(1)：88-89.
郭建伟，齐宝辉，2004. 中原油田洒落石油对地面生态的污染与防治 [J]. 地质技术经济管理，26(5)：34-39.
国家环境保护总局，2004. 土壤环境监测技术规范 [S].HJ/T 166—2004. 北京：中国环境出版社.
胡春胜，1999. 土壤质量诊断与评价理化指标及其应用 [J]. 生态农业研究，7(3)：16-18.
黄廷林，史红星，任磊，2001. 石油类污染物在黄土地区土壤中竖向迁移特征试验研究 [J]. 西安建筑科技大学学报，33(2)：108-120.
纪学雁，刘晓艳，李兴伟，等，2005. 分层土柱法研究石油类污染物在土壤中的迁移 [J]. 能源环境保护，19(1)：43-45.
李春荣，王文科，曹玉清，等，2007. 石油污染土壤的生态效应及修复技术研究 [J]. 环境科学与技术，30(9)：4-6.
李其林，黄昀，2002. 重庆市近郊区蔬菜地土壤重金属含量变化及污染情况 [J]. 土壤通报，33(3)：158-160.
李绪谦，商书波，林亚菊，等，2005. 石油类污染物在包气带土层中的水化学迁移率测定 [J]. 吉林大学学报(地球科学版)，35(4)：501-504.
刘长江，门万杰，刘彦军，等，2002. 农药对土壤的污染及污染土壤的生物修复 [J]. 农业系统科学与综合研究，18(4)：291-292，297.
刘惠君，刘维屏，2001. 农药污染土壤的生物修复技术 [J]. 环境污染治理技术与设备，2(2)：74-80.
刘继芳，曹翠华，蒋以超，等，2000. 重金属离子在土壤中的竞争吸附动力学初步研究 I. 竞争吸附动力学的竞争规律与竞争系数 [J]. 土壤肥料(2)：30-34.
刘军荣，雪克热提，袁国映，1995. 油田开发中石油污染对土壤影响预测 [J]. 新疆环境保护，17(1)：38-40.

刘庆生，刘高焕，励惠国，2003. 胜坨、孤东油田土壤石油类物质含量及其变化［J］. 土壤通报，34(6)：592-593.
刘庆生，刘高焕，励惠国，2004. 辽河三角洲土壤中石油类物质含量光谱分析初探［J］. 能源环境保护，18(4)：52-55.
刘五星，骆永明，滕应，等，2007. 我国部分油田土壤及油泥的石油污染初步研究［J］. 土壤，39(2)：247-251.
刘晓艳，纪学雁，李兴伟，等，2005. 石油类污染物在土壤中迁移的实验研究进展［J］. 土壤，37(5)：482-486.
刘晓艳，史鹏飞，孙德智，等，2006. 大庆土壤中石油类污染物迁移模拟［J］. 中国石油大学学报(自然科学版)，30(2)：120-124.
龙新宪，杨肖娥，倪吾钟，2002. 重金属污染土壤修复技术研究的现状与展望［J］. 应用生态学报，13(6)：757-762.
陆秀君，郭书海，孙清，等，2003. 石油污染土壤的修复技术研究现状及展望［J］. 沈阳农业大学学报，34(1)：63-67.
骆永明，2000. 强化植物修复的螯合诱导技术及其环境风险［J］. 土壤(2)：57-61，74.
宁春燕，赵建夫，2001. 农药污染土壤的生物修复技术介绍［J］. 农业环境保护，20(6)：473-474.
钱暑强，刘铮，2000. 污染土壤修复技术介绍［J］. 化工进展(4)：10-12，20.
芮玉奎，曲来才，孔祥斌，2008.黄河流域土地利用方式对土壤重金属污染的影响［J］.光谱学与光谱分析，28(4)：934-936.
山东省统计局，2007. 山东统计年鉴　2007［M］. 北京：中国统计出版社.
沈振国，陈怀满，2000. 土壤重金属污染生物修复的研究进展［J］. 农村生态环境，16(2)：39-44.
孙清，陆秀君，梁成华，2002. 土壤的石油污染研究进展［J］.

沈阳农业大学学报, 33(5): 390-393.
万云兵, 仇荣亮, 陈志良, 等, 2002. 重金属污染土壤中提高植物提取修复功效的探讨 [J]. 环境污染治理技术与设备, 3(4): 56-59.
王剑虹, 麻密, 2000. 植物修复的生物学机制 [J]. 植物学通报, 17(6): 504-510.
王景华, 穆从如, 刘凤奎, 1989. 油田开发环境评价文集 [M]. 北京: 中国环境科学出版社.
王慎强, 陈怀满, 司友斌, 1999. 我国土壤环境保护研究的回顾与展望 [J]. 土壤(5): 255-260.
韦朝阳, 陈同斌, 2001. 重金属超富集植物及植物修复技术研究进展 [J]. 生态学报, 21(7): 1196-1203.
韦朝阳, 陈同斌, 2001. 重金属污染植物修复技术的研究与应用现状 [J]. 地球科学进展, 17(6): 833-839.
魏秀国, 何江华, 王少毅, 等, 2002. 城郊公路两侧土壤和蔬菜中铅含量及分布规律 [J]. 农业环境与发展(1): 39-40.
吴小华, 张士权, 龙风乐, 等, 1996. 石油开采中总烃对大气环境影响研究 [J], 油气田环境保护, 6(4): 33.
武正华, 张宇峰, 王晓蓉, 等, 2002. 土壤重金属污染植物修复及基因技术的应用 [J]. 农业环境保护, 21(1): 84-86.
夏立江, 华珞, 李向东, 1998. 重金属污染土壤生物修复机制及研究进展 [J]. 核农学报, 12(1): 59-64.
夏立江, 王宏康, 2001. 土壤污染及其防治 [M]. 上海: 华东理工大学出版社.
夏运生, 王凯荣, 张格丽, 2002. 土壤镉生物毒性的影响因素研究进展 [J]. 农业环境保护, 21(3): 272-275.
夏增禄, 1993. 中国主要类型土壤若干重金属临界含量和环境容量的区域分异 [J]. 地理学报, 48(4): 298-303.
徐静, 2007. 论黄河三角洲开发的瓶颈因素与对策 [J]. 中国石油大学学报(社会科学版)，23(3)：37-39.
许学工，1998. 黄河三角洲地域结构综合开发与可持续发展 [M]. 北京：海洋出版社.
杨景辉，1995. 土壤污染与防治 [M]. 北京：科学出版社：20-21，30.
杨柳春，郑明辉，刘文彬，等，2002. 有机物污染环境的植物修复研究进展 [J]. 环境污染治理与设备，3(6)：1-7.
易筱筠，党志，石林，2002. 有机污染物污染土壤的植物修复 [J]. 农业环境保护，21(5)：477-479.
虞锁富，1991. 土壤对重金属离子的竞争吸附 [J]. 土壤通报，28(1)：50-57.
岳战林，蒋平安，贾宏涛，等，2006. 石油类在环境非敏感区土壤中的迁移规律研究 [J]. 新疆农业大学学报，29(2)：62-64.
张桃林，潘剑君，赵其国，1999. 土壤质量研究进展与方向 [J]. 土壤(1)：1-7.
张兴儒，张士权，1998. 油气田开发建设与环境影响 [M]. 北京：石油工业出版社：72-172.
张学佳，纪巍，康志军，等，2008. 石油类污染物在土壤中的吸附与迁移特征 [J]. 中国石油大学胜利学院学报，22(3)：20-26.
赵东风，赵朝成，王联社，等，2000. 石油类污染物在土壤中的迁移渗透规律 [J]. 石油大学学报(自然科学版)，24(3)：64-66.
赵庚星，李玉环，许春达，等，1999. 垦利区土壤—人类—环境相互作用关系及可持续发展研究 [J]. 土壤与环境，8(4)：250-253.
赵其国，周炳中，杨浩，2002. 江苏省环境质量与农业安全问题研究 [J]. 土壤，34(1)：1-8.

赵志强，牛军峰，全燮，2000. 氯代有机化合物污染土壤的修复技术［J］. 土壤(6)：288-293，309.

中国石油天然气总公司，1995. 岩石可溶性有机物和原油族组分柱层析分析方法［M］. 北京：中国标准出版社.

周代华，李学垣，徐凤琳，等，1995. 电解质浓度对铁铝氧化物表面解吸重金属离子的影响及其原因［J］. 科学通报，40(22)：2088-2090.

周东美，邓昌芬，2003. 重金属污染土壤电动修复的研究进展［J］. 农业环境科学学报，22(4)：505-508.

周乃元，王仁武，2002. 植物修复-治理土壤重金属污染的新途径［J］. 中国生物工程杂志，22(5)：53-57.

周启星，2002. 污染土壤修复的技术再造与展望［J］. 环境污染治理技术与设备，3(8)：36-40.

周守明，杨乔平，马桂先，1995. 河南土壤重金属含量与机械组成［J］. 河南科学，13(4)：355-359.

朱亮，邵孝候，1997. 耕作层中重金属 Cd 形态分布规律及植物有效性研究［J］. 河海大学学报，25(3)：50-56.

庄云龙，石秀春、张荣亮，2002. 重金属在沉积物系统中吸附行为的研究进展［J］. 四川环境，21(2)：13-16.

ABALEL-AZIZ R A，RADWAN S M A，DAHDON M S，1997. Reducing the metals toxicity in sludge amended soil using VA mycorrhizae［J］. Egypt J Microbiol，32(2)：217-234.

ABRAMORITCH R A，HUANG B，ABRAMSRITCH D A，et al.，1999. *In-situ* decomposition of PCBs in soil using microwave energy［J］. Chemosphere，38(10)：2227-2236.

ACAR Y B，ALSHAWABKEH A N，1993. Principles ofelectrokinetic remediation［J］. Environ Sci Technol，27(13)：2638-2647.

AGER F J，YNSA M D，DOMINGUEZ-SOLIS J R，et al.，2002.

Cadmium localization and quantification in the plant arabidopsis thaliana using micro-PIXE [J]. Nuclear Instruments and Methods in Physics Research Section B: Beam Interactions with Materials and Atoms, 189(1-4): 494-498.

ALAM M G M, TOKUNAGA S, MAEKAWA T, 2001. Extraction of arsenic in a synthetic arsenic contaminated soil using phosphate [J]. Chemosphere, 43(8): 1035-1041.

ALONSO E, CANTERO F J, GARCIA J, et al., 2002. Scale-up for a porous of supercritical extraction with adsorption of solute onto activated carbon. Application to soil remediation [J]. J Supercrit Fluid, 24(2): 123-135.

ARTHUR E L, PERKOVICH B S, ANDERSON T A, 2000. Degradation of an atrazine and metolachlor herbicide mixture in pesticide-contaminated soils from two agrochemical dealerships in IOWA [J]. Water Air Soil Poll, 119: 75-90.

BAKER A J M, MCGRATH S P, SIDOLI C M D, 1994a. The possibility of *in situ* heavy metal decontamination of polluted soils using metal accumulating plants [J]. Rea Conserv Rec, 11: 41-49.

BAKER A J M, REEVES R D, HAJAR A S M, 1994b. Heavy metal accumulation and tolence in British populations of the metallophyte *Thlaspi caerulenscene* J & C. Presl (Brassicaceae) [J]. New Phytol, 127: 61-68.

BARBARA R, WERNER H, 1996. Effect of arbuscular mycorrhizal fungi on heavy metal tolerance of alfalfa and oat on a sewage sludge treated soil [J]. I Pflanzenernaehr Bodenkd, 159 (2): 189-194.

BERRAHAR M, SCHAFER G, BARIERE M, 1999. An optimized surfactant formulation for the remediation of duel oil polluted sandy aquifers [J]. Environ Sci Technol, 33(8): 1269-1273.

BLAYLOCK M J, SALT D E, DUSHENKOW S, 1997. Enhanced accumulation of Pb in Indian mustard by soil-applied chelating agents [J]. Environ Sci Technol, 31: 860-865.

BOGAN B W, TRBOVIC V, PATEREK J R, 2003. Inclusion of vegetable oils in Fenton's chemistry for remediation of PAH-contaminated soils [J]. Chemosphere, 50(1): 15-21.

BPSECKER K, 2001. Microbial leaching in clean-up programmes [J]. Hydrometallurgy, 59(2-3): 245-248.

CARRIGAN C R, NITAO J J, 2000. Predictive and diagnostic simulation of *in-situ* electrical heating in contaminated, low-permeablity soils [J]. Environ Sci Technol, 34(22): 4835-4841.

DESTAILLATES H, ALDERSON Ⅱ T W, HAFFMAN M R, 2001. Application of ultrasound in NAPL remediation: sonochemical degradation of TCE in aqueous surfactant solution [J]. Environ Sci Technol, 35(14): 3019-3024.

DUSHENKOV S, MIKHEEV A, PROKHNEVSKY A, et al., 1999. Phytoremediation of radiocesium-contaminated soil in the vicinity of Chernobly, Ukraine [J]. Environ Sci Technol, 33(3): 469-475.

EBBS S D, KOCHAIN L V, 1998. Phytoextraction of zinc by oat (*Avena sativa*), Barley (*Hordeum vulgare*) and Indian mustard (*Brassium junica*) [J]. Environ Sci Technol, 32: 802-806.

EBBS S D, LASAT M M, BRADY D J, 1997. Phytoextraction of cadmium and zinc from a contaminated soil [J]. J Environ Qual, 26: 1424-1430.

FANG C, RADOSEVIAL M, FUHRMANN J J, 2001. Atrazine and phenanthrene degradation in grass rhizosphere soil [J]. Soil Biol

Biochem, 33: 671-678.

FANG C, RADOSEVIAL M, FUHRMANN J J, 2001. Characterization of rhizosphere microbial community structure in five similar grass species using FAME and BIOLOG analyses [J]. Soil Biol Biochem, 33: 679-682.

FENG D, ALDRICH C, 2000. Sonochemical treatment of simulated soil contaminated with diesel [J]. Adv Environ Res, 4(2): 103-112.

GASKIN J L, FLETCHER J, 1997. The metabolism of exogenously provided atrazine by the ectomycorrhizal fungus *Hebeloma crustuliniforme* and the host plant *Pinus pondersa* [A]//Phytoremediation of Soil and Water Contamination. Washington DC: American Chemical Society: 152-161.

GORTON M, CHOE N, DUFFY J, et al., 1998. Phytoremediation of trichloroethylene with hybrid polars [J]. Environ Sci Technol, 106(4): 1001-1004.

GROSSER R J, 1991. Indigenous and enhanced mineralization of pyrene, benzo [a]pyrene and carbozole in soils [J]. Appl Environ Microbiol, 57: 3462-3469.

HAMON R E, MCLAUGHLIN M J, COZENS G, 2002. Mechanisms of attenuation of metalavailability in *in situ* remediation treatments [J]. Environ Sci Technol, 36(18): 3991-3996.

HENNER P, SCHIAVON M, MOREL J L, et al., 1997. Polycyclic aromatic hydrocarbon(PAH) occurrence and remediation methods [J]. Analusis, 25(9-10): 56-59.

HIGARASHI M M, JARDIM W F, 2002. Remediation of pesticides contaminated soil using TiO_2 mediated by solar light [J]. Catalysis Today, 76(2-4): 201-207.

HODSON M E, VALSAMI-JONES E, 2000. Bonemeal additions as a remediation treatment for metal contaminated soil [J]. Environ Sci Technol, 34(16): 3501-3507.

HONG P K A, LI C, BANERJI S K, et al., 2002. Feasibility of metal recovery from soil using DTPA and its biostability [J]. J Hazard Mater, 94(3): 253-272.

HUANG J W, CHEN J, BERTI W R, 1997. Phytoremediation of lead contaminated soils: role of synthetic chelates in lead phytoextraction [J]. Environ Sci Technol, 31: 800-805.

JOHNSTON C D, RAYNER J L, BRIEGEL D, 2002. Effectiveness of *in-situ* air sparging for removing NAPL gasoline from a sandy acquifer near Perth, Western Austrilian [J]. J Contam Hydrol, 59(1-2): 87-111.

JONES D A, LELYVELD T P, MAVROFIDIS S D, et al., 2002. Microwave heating application in environmental engineering: a review [J]. Resour Conserv Recy, 34(2): 75-90.

JONES E J, LEYVAL C, 1997. Uptake of ^{109}Cd by roots and hyphae of a Glomus with high and low concentration of cadmium [J]. New Phytol, 135(2): 353-360.

JORDAHL J L, FOSTER L, SCHNOOR J L, 1997. Effect of hybrid polar trees on microbial populations important to hazardous waste bioremediation [J]. Environ Tox Chem, 16(6): 318-321.

KAWALA Z, ATAMANCZUK T, 1998. Microwave-enhanced thermal decontamination of soil [J]. Environ Sci Technol, 32(17): 2602-2607.

KAYSER A, WENGER K, KELLER A, et al., 2000. Enhancement of phytoremediation of Zn, Cd, and Cu from calcareous soil: the use of NTA and sulfur amendments [J]. Environ Sci Technol, 34

(9): 1778-1783.

KERSCH C, VAN ROVSMALEN M J E, WOERLEE G F, et al., 2000. Extraction of heavy metals from fly ash and sand with ligands and supercritical carbon dioxide [J]. Ind Eng Chem Res, 39(12): 4670-4672.

KHAN A G, KUEK L, CHAUDBRY T M, et al., 2000. Roles of plants, mycorrhizae and phytochelators in heavy metal contaminated land reclamation [J]. Chemosphere, 41(1-2): 197-207.

KIM J Y, COHEN C, SHUSLER M L, 2000. Use of amphiphilic polymer particles for *in-situ* extraction ofsorbed phenanthrene from a contaminated aquifer materials [J]. Environ Sci Technol, 34(19): 4133-4139.

KOS B, DOMEN L, 2003. Induced phytoremediation/soil washing of lead using biodegradable chelate and permeable barriers [J]. Environ Sci Technol, 37: 624-629.

KRUGER E L, ANHALT J C, SORENSON D, 1997. Atrazine degradation in pesticide-contaminated soils [A]//Phytoremediation of Soil and Water Contaminants. Washington DC: American Chemical Society: 54-64.

LAGADER A J M, MILLER D J, LILKE A V, 2000. Pilot-scale subcritical water remediation of polycyclic aromatic hydrocarbon and pesticide-contaminated soil [J]. Environ Sci Tehnol, 34(8): 1542-1548.

LAMBER D H, WEIDENSAUL T C, 1991. Element uptake by mycorrhizal soybean from sewage-treated soil [J]. Soil Sci Soc Am J, 55(2): 393-398.

LAUCHILI A, 1993. Selenium in plants: uptake functions and environmental toxicity [J]. Bot Acta, 106: 455-568.

LEE D H, CODY R D, KIM D J, 2002. Surfactant recycling

by solvent extraction in surfactant-aided remediation [J]. Sep Purif Technol, 27(1): 77-82.

LEE D H, CODY R D, KIM D J, et al., 2002. Effect of soil texture on surfactant-based remediation of hydrophobic organic-contaminated soil [J]. Environ In, 27(8): 681-688.

LI Y, CHANEY R L, BREWER E P, et al., 2003. Phytoextraction of nickel and cobalt by hyperaccumulator Alyssum species grown on nickel-contaminated soils [J]. Environ Sci Technol, 37(7): 1463-1468.

LIN Q, MENDELSSON I A, 1998. The combined effects of phytoremediation andbiostimulation in enhancing habitat restoration and oil degradation of petroleum contaminated wetlands [J]. Ecol Eng, 10: 263-274.

LOMBI E, HAMON R E, MCGRATH S P, et al., 2003. Lability of Cd, Cu, and Zn in polluted soils treated with lime, beringite, and red mud and identification of a non-labile colloidal fractions of metals using isotopic techniques [J]. Environ Sci Technol, 37(5): 979-984.

LOUTHENBACH B, FUNER G, SCHARLI H, 1999. Immobilization of zinc and cadmium by montmorillonite compounds: effects of aging and subsequentacidification [J]. Environ Sci Technol, 33(17): 2945-2952.

MAITANI T, 1996. The composition of metals bound to class. Ⅲ. metallothionein (phytochelation and its desglycyl peptide) induced by various metals in root culture of *Rubia tinctorum* [J]. Plant physiol, 110: 1145-1150.

MATA-SANDOCAL J C, KARNS J, TORRENTS A, 2002. Influence of Rhamnolipids and triton X-100 on the desorption of pesticides from soils [J]. Environ Sci Technol, 36(21): 4669-

4675.

MCBRIDE M B, MARTINEZ C Z, 2001. Copper phytoremediation in a contaminated soil: Remediation tests with adsorptive materials [J]. Environ Sci Technol, 34(20): 4386-4391.

MULLIGAN C N, YONG R N, GIBBS B F, 2001. Surfactant-enhanced remediation of contaminated soils: a review [J]. Engineering Geology, 60: 371-380.

NEWMAN L A, WANG X, MUIZNIEKS I A, et al., 1999. Remediation of trichloroethylene in an artificial aquifer with trees: a controlled field study [J]. Environ Sci Technol, 33(13): 2257-2265.

NICHOLSON F A, SMITH S R, ALLOWAY B J, et al., 2003. An inventory of heavy metal input to agricultural soil in England and Wales [J]. SCI TOTAL ENVIRON, 311(1-3): 205-219.

NOYD R K, PFLEGER F L, NORLAND M R, 1996. Field response to added organic matter, arbuscular mycorrhizal fungi, and fertilizer in reclamation of taconite iron ore tailing [J]. Plant Soil, 179: 89-97.

PELIZZETTI E, MINERO C, CCRLIN V, et al., 1992. Photocatalytic soil decontamination [J]. Chemosphere, 25(3): 343-351.

PITTMAN Jr C H, HE J, 2002. Dechlorination of PCBs, PAHs, herbicides and pesticides net and in soils at 25 ℃ using Na/NH_3[J]. J Harzad Mater, 92(1): 51-62.

ROBINSON B H, BROOKS R R, HOWES A W, 1997. The potential of the high-biomass nickel hyperaccumulator *Berkheya coddi* for phytoremediation and phytomining [J]. J Geochem Explor, 60: 115-126.

ROGER J H, 1996. Feasibility, system design and economic evaluation of radiolytic degradation of 2, 3, 7, 8-tetrachlorodibenzop-diooxin on soil [J]. Water Environ Res, 68(2): 178-187.

ROMKENS P, BOUWMAN L, JAPENGA J, et al., 2002. Potentials and drawbacks of chelate-enhanced phtoremediation of soils [J]. Environ Pollu, 116(1): 109-121.

ROY D, KOMMALAPATI R R, MANDAVA S S, et al., 1997. Soil washing potential of a natural surfactant [J]. Environ Sci Technol, 31(3): 670-675.

RUBIN E, RAMASWAMI A, 2001. The potential for phytoremediation of MTBE [J]. Water Res, 35(5): 1348-1353.

RUDOLPH AA, HUANG B, MARK D, et al., 1998. Decomposition of PCB's and other polychlorinated aromatics in soil using microwave energy [J]. Chemosphere, 37(8): 1427-1436.

SEMPLE K T, REID B J, FERMOR T R, 2001. Impact of composting strategy on the treatment of soils contaminated with organic pollutants [J]. Environ Poll, 112(2): 269-283.

SHERMATA T W, HAWARI J, 2000. Cyclodextrins for desorption and solubilization of 2, 4, 6-trinitrotoluene and its metabolites from soil [J]. Environ Sci Technol, 34: 3462-3468.

SINGH J, COMFORT S D, SHEA P J, 1999. Iron-mediated remediation of RDX-contaminated water and soil under controlled Eh/pH [J]. Environ Sci Technol, 33(9): 1488-1494.

SPALDING B P, 2001. Fixation of radionuclides in soil and minerals by heating [J]. Environ Sci Technol, 35(21): 4327-4333.

SRIPRANG R, HOYASHI M, YAMASHITA M, et al., 2002. A novel bioemediation system for heavy metals using the symbiosis between leguminous plant and genetically engineering rhizobia [J]. J Biotechnol, 99(3): 279-293.

SUGIURA K, ISHIHARA M, HARAYAMA S T, 1996. Physicochemical properties and biodegradability of crude oil [J]. Environ Sci Technol, 31: 45-51.

SUN S, INSKEEP W P, BOYD S A, 1995. Sorption of nonionic organic compounds in soil-water systems containing amicelle-forming surfactants [J]. Environ Sci Technol, 29: 903-913.

TOKUNAGA S, HAKUTA T, 2002. Acid washing and stabilization of an artificial arsenic-contaminated soil [J]. Chemosphere, 46 (1): 31-38.

WATTS R J, STANTON P C, HOWSAWKENG J, et al., 2002. Mineralization of a sorbed polycyclic aromatic hydrocarbon in two soils using catalyzed hydrogen peroxide [J]. Water Res, 36(7): 4283-4292.

WEI Y, YANG Y, CHENG N, 2001. Study of thermally immobilized Cu in analogue minerals of contaminated soils [J]. Environ Sci Technol, 35(2): 416-421.

WILLIAMS C H, DAVID D J, 1973. The effect of superphosphate on the cadmium content of soils and plants [J]. Aust J Soil Res, 11(1): 43-56.

YANG G C C, LIU C Y, 2001. Remediation of TCE contaminated soils by *in-situ* EK-Fenton process [J]. J Hazard Mater, 85 (3): 317-331.

YASSIR A, LAGACHERIE B, HOUOT S, et al., 1999. Microbial aspects of atrazine biodegradation in relation to history of soil treatment [J]. Pestic Sci, 55: 799-809.

ZHOU D M, ZORN R, CZURDA K, 2003. Electrochemical remediation of copper contaminated kaolinite by conditioning anolyte and catholyte pH simultaneously [J]. J Environ Sci, 15(3): 396-400.

附录一 《土壤污染防治行动计划》[①]

土壤是经济社会可持续发展的物质基础，关系人民群众身体健康，关系美丽中国建设，保护好土壤环境是推进生态文明建设和维护国家生态安全的重要内容。当前，我国土壤环境总体状况堪忧，部分地区污染较为严重，已成为全面建成小康社会的突出短板之一。为切实加强土壤污染防治，逐步改善土壤环境质量，制定本行动计划。

总体要求：全面贯彻党的十八大和十八届三中、四中、五中全会精神，按照“五位一体”总体布局和“四个全面”战略布局，牢固树立创新、协调、绿色、开放、共享的新发展理念，认真落实党中央、国务院决策部署，立足我国国情和发展阶段，着眼经济社会发展全局，以改善土壤环境质量为核心，以保障农产品质量和人居环境安全为出发点，坚持预防为主、保护优先、风险管控，突出重点区域、行业和污染物，实施分类别、分用途、分阶段治理，严控新增污染、逐步减少存量，形成政府主导、企业担责、公众参与、社会监督的土壤污染防治体系，促进土壤资源永续利用，为建设“蓝天常在、青山常在、绿水常在”的美丽中国而奋斗。

工作目标：到2020年，全国土壤污染加重趋势得到初步遏制，土壤环境质量总体保持稳定，农用地和建设用地土壤环境安全得到基本保障，土壤环境风险得到基本管控。到2030年，全国土壤环境质量稳中向好，农用地和建设用地土壤环境安全得到有效保障，土壤环境风险得到全面管控。到本世纪中叶，土壤环境质量全面改善，生态系统实现良性循环。

---

① 《土壤污染防治行动计划》于2016年印发，文内机构名称与原文件保持一致。

主要指标：到2020年，受污染耕地安全利用率达到90%左右，污染地块安全利用率达到90%以上。到2030年，受污染耕地安全利用率达到95%以上，污染地块安全利用率达到95%以上。

一、开展土壤污染调查，掌握土壤环境质量状况

（一）深入开展土壤环境质量调查

在现有相关调查基础上，以农用地和重点行业企业用地为重点，开展土壤污染状况详查，2018年底前查明农用地土壤污染的面积、分布及其对农产品质量的影响；2020年底前掌握重点行业企业用地中的污染地块分布及其环境风险情况。制定详查总体方案和技术规定，开展技术指导、监督检查和成果审核。建立土壤环境质量状况定期调查制度，每10年开展1次。（环境保护部牵头，财政部、国土资源部、农业部、国家卫生计生委等参与，地方各级人民政府负责落实。以下均需地方各级人民政府落实，不再列出）

（二）建设土壤环境质量监测网络

统一规划、整合优化土壤环境质量监测点位，2017年底前，完成土壤环境质量国控监测点位设置，建成国家土壤环境质量监测网络，充分发挥行业监测网作用，基本形成土壤环境监测能力。各省（区、市）每年至少开展1次土壤环境监测技术人员培训。各地可根据工作需要，补充设置监测点位，增加特征污染物监测项目，提高监测频次。2020年底前，实现土壤环境质量监测点位所有县（市、区）全覆盖。（环境保护部牵头，国家发展改革委、工业和信息化部、国土资源部、农业部等参与）

（三）提升土壤环境信息化管理水平

利用环境保护、国土资源、农业等部门相关数据，建立土壤环境基础数据库，构建全国土壤环境信息化管理平台，力争2018年

底前完成。借助移动互联网、物联网等技术，拓宽数据获取渠道，实现数据动态更新。加强数据共享，编制资源共享目录，明确共享权限和方式，发挥土壤环境大数据在污染防治、城乡规划、土地利用、农业生产中的作用。（环境保护部牵头，国家发展改革委、教育部、科技部、工业和信息化部、国土资源部、住房城乡建设部、农业部、国家卫生计生委、国家林业局等参与）

二、推进土壤污染防治立法，建立健全法规标准体系

（四）加快推进立法进程

配合完成土壤污染防治法起草工作。适时修订污染防治、城乡规划、土地管理、农产品质量安全相关法律法规，增加土壤污染防治有关内容。2016 年底前，完成农药管理条例修订工作，发布污染地块土壤环境管理办法、农用地土壤环境管理办法。2017 年底前，出台农药包装废弃物回收处理、工矿用地土壤环境管理、废弃农膜回收利用等部门规章。到 2020 年，土壤污染防治法律法规体系基本建立。各地可结合实际，研究制定土壤污染防治地方性法规。（国务院法制办、环境保护部牵头，工业和信息化部、国土资源部、住房城乡建设部、农业部、国家林业局等参与）

（五）系统构建标准体系

健全土壤污染防治相关标准和技术规范。2017 年底前，发布农用地、建设用地土壤环境质量标准；完成土壤环境监测、调查评估、风险管控、治理与修复等技术规范以及环境影响评价技术导则制修订工作；修订肥料、饲料、灌溉用水中有毒有害物质限量和农用污泥中污染物控制等标准，进一步严格污染物控制要求；修订农膜标准，提高厚度要求，研究制定可降解农膜标准；修订农药包装标准，增加防止农药包装废弃物污染土壤的要求。适时修订污染物排放标准，进一步明确污染物特别排放限值要求。完善土壤中污染

物分析测试方法，研制土壤环境标准样品。各地可制定严于国家标准的地方土壤环境质量标准。（环境保护部牵头，工业和信息化部、国土资源部、住房城乡建设部、水利部、农业部、质检总局、国家林业局等参与）

（六）全面强化监管执法

明确监管重点。重点监测土壤中镉、汞、砷、铅、铬等重金属和多环芳烃、石油烃等有机污染物，重点监管有色金属矿采选、有色金属冶炼、石油开采、石油加工、化工、焦化、电镀、制革等行业，以及产粮（油）大县、地级以上城市建成区等区域。（环境保护部牵头，工业和信息化部、国土资源部、住房城乡建设部、农业部等参与）

加大执法力度。将土壤污染防治作为环境执法的重要内容，充分利用环境监管网格，加强土壤环境日常监管执法。严厉打击非法排放有毒有害污染物、违法违规存放危险化学品、非法处置危险废物、不正常使用污染治理设施、监测数据弄虚作假等环境违法行为。开展重点行业企业专项环境执法，对严重污染土壤环境、群众反映强烈的企业进行挂牌督办。改善基层环境执法条件，配备必要的土壤污染快速检测等执法装备。对全国环境执法人员每 3 年开展 1 轮土壤污染防治专业技术培训。提高突发环境事件应急能力，完善各级环境污染事件应急预案，加强环境应急管理、技术支撑、处置救援能力建设。（环境保护部牵头，工业和信息化部、公安部、国土资源部、住房城乡建设部、农业部、安全监管总局、国家林业局等参与）

三、实施农用地分类管理，保障农业生产环境安全

（七）划定农用地土壤环境质量类别

按污染程度将农用地划为三个类别，未污染和轻微污染的划为

优先保护类，轻度和中度污染的划为安全利用类，重度污染的划为严格管控类，以耕地为重点，分别采取相应管理措施，保障农产品质量安全。2017 年底前，发布农用地土壤环境质量类别划分技术指南。以土壤污染状况详查结果为依据，开展耕地土壤和农产品协同监测与评价，在试点基础上有序推进耕地土壤环境质量类别划定，逐步建立分类清单，2020 年底前完成。划定结果由各省级人民政府审定，数据上传全国土壤环境信息化管理平台。根据土地利用变更和土壤环境质量变化情况，定期对各类别耕地面积、分布等信息进行更新。有条件的地区要逐步开展林地、草地、园地等其他农用地土壤环境质量类别划定等工作。（环境保护部、农业部牵头，国土资源部、国家林业局等参与）

（八）切实加大保护力度

各地要将符合条件的优先保护类耕地划为永久基本农田，实行严格保护，确保其面积不减少、土壤环境质量不下降，除法律规定的重点建设项目选址确实无法避让外，其他任何建设不得占用。产粮（油）大县要制定土壤环境保护方案。高标准农田建设项目向优先保护类耕地集中的地区倾斜。推行秸秆还田、增施有机肥、少耕免耕、粮豆轮作、农膜减量与回收利用等措施。继续开展黑土地保护利用试点。农村土地流转的受让方要履行土壤保护的责任，避免因过度施肥、滥用农药等掠夺式农业生产方式造成土壤环境质量下降。各省级人民政府要对本行政区域内优先保护类耕地面积减少或土壤环境质量下降的县（市、区），进行预警提醒并依法采取环评限批等限制性措施。（国土资源部、农业部牵头，国家发展改革委、环境保护部、水利部等参与）

防控企业污染。严格控制在优先保护类耕地集中区域新建有色金属冶炼、石油加工、化工、焦化、电镀、制革等行业企业，现有相关行业企业要采用新技术、新工艺，加快提标升级改造步伐。（环境保护部、国家发展改革委牵头，工业和信息化部参与）

（九）着力推进安全利用

根据土壤污染状况和农产品超标情况，安全利用类耕地集中的县（市、区）要结合当地主要作物品种和种植习惯，制定实施受污染耕地安全利用方案，采取农艺调控、替代种植等措施，降低农产品超标风险。强化农产品质量检测。加强对农民、农民合作社的技术指导和培训。2017 年底前，出台受污染耕地安全利用技术指南。到 2020 年，轻度和中度污染耕地实现安全利用的面积达到4 000万亩。（农业部牵头，国土资源部等参与）

（十）全面落实严格管控

加强对严格管控类耕地的用途管理，依法划定特定农产品禁止生产区域，严禁种植食用农产品；对威胁地下水、饮用水水源安全的，有关县（市、区）要制定环境风险管控方案，并落实有关措施。研究将严格管控类耕地纳入国家新一轮退耕还林还草实施范围，制定实施重度污染耕地种植结构调整或退耕还林还草计划。继续在湖南长株潭地区开展重金属污染耕地修复及农作物种植结构调整试点。实行耕地轮作休耕制度试点。到 2020 年，重度污染耕地种植结构调整或退耕还林还草面积力争达到2 000万亩。（农业部牵头，国家发展改革委、财政部、国土资源部、环境保护部、水利部、国家林业局参与）

（十一）加强林地草地园地土壤环境管理

严格控制林地、草地、园地的农药使用量，禁止使用高毒、高残留农药。完善生物农药、引诱剂管理制度，加大使用推广力度。优先将重度污染的牧草地集中区域纳入禁牧休牧实施范围。加强对重度污染林地、园地产出食用农（林）产品质量检测，发现超标的，要采取种植结构调整等措施。（农业部、国家林业局负责）

四、实施建设用地准入管理，防范人居环境风险

（十二）明确管理要求

建立调查评估制度。2016年底前，发布建设用地土壤环境调查评估技术规定。自2017年起，对拟收回土地使用权的有色金属冶炼、石油加工、化工、焦化、电镀、制革等行业企业用地，以及用途拟变更为居住和商业、学校、医疗、养老机构等公共设施的上述企业用地，由土地使用权人负责开展土壤环境状况调查评估；已经收回的，由所在地市、县级人民政府负责开展调查评估。自2018年起，重度污染农用地转为城镇建设用地的，由所在地市、县级人民政府负责组织开展调查评估。调查评估结果向所在地环境保护、城乡规划、国土资源部门备案。（环境保护部牵头，国土资源部、住房城乡建设部参与）

分用途明确管理措施。自2017年起，各地要结合土壤污染状况详查情况，根据建设用地土壤环境调查评估结果，逐步建立污染地块名录及其开发利用的负面清单，合理确定土地用途。符合相应规划用地土壤环境质量要求的地块，可进入用地程序。暂不开发利用或现阶段不具备治理修复条件的污染地块，由所在地县级人民政府组织划定管控区域，设立标识，发布公告，开展土壤、地表水、地下水、空气环境监测；发现污染扩散的，有关责任主体要及时采取污染物隔离、阻断等环境风险管控措施。（国土资源部牵头，环境保护部、住房城乡建设部、水利部等参与）

（十三）落实监管责任

地方各级城乡规划部门要结合土壤环境质量状况，加强城乡规划论证和审批管理。地方各级国土资源部门要依据土地利用总体规划、城乡规划和地块土壤环境质量状况，加强土地征收、收回、收购以及转让、改变用途等环节的监管。地方各级环境保护部门要加

强对建设用地土壤环境状况调查、风险评估和污染地块治理与修复活动的监管。建立城乡规划、国土资源、环境保护等部门间的信息沟通机制，实行联动监管。（国土资源部、环境保护部、住房城乡建设部负责）

（十四）严格用地准入

将建设用地土壤环境管理要求纳入城市规划和供地管理，土地开发利用必须符合土壤环境质量要求。地方各级国土资源、城乡规划等部门在编制土地利用总体规划、城市总体规划、控制性详细规划等相关规划时，应充分考虑污染地块的环境风险，合理确定土地用途。（国土资源部、住房城乡建设部牵头，环境保护部参与）

五、强化未污染土壤保护，严控新增土壤污染

（十五）加强未利用地环境管理

按照科学有序原则开发利用未利用地，防止造成土壤污染。拟开发为农用地的，有关县（市、区）人民政府要组织开展土壤环境质量状况评估；不符合相应标准的，不得种植食用农产品。各地要加强纳入耕地后备资源的未利用地保护，定期开展巡查。依法严查向沙漠、滩涂、盐碱地、沼泽地等非法排污、倾倒有毒有害物质的环境违法行为。加强对矿山、油田等矿产资源开采活动影响区域内未利用地的环境监管，发现土壤污染问题的，要及时督促有关企业采取防治措施。推动盐碱地土壤改良，自 2017 年起，在新疆生产建设兵团等地开展利用燃煤电厂脱硫石膏改良盐碱地试点。（环境保护部、国土资源部牵头，国家发展改革委、公安部、水利部、农业部、国家林业局等参与）

（十六）防范建设用地新增污染

排放重点污染物的建设项目，在开展环境影响评价时，要增加

对土壤环境影响的评价内容，并提出防范土壤污染的具体措施；需要建设的土壤污染防治设施，要与主体工程同时设计、同时施工、同时投产使用；有关环境保护部门要做好有关措施落实情况的监督管理工作。自2017年起，有关地方人民政府要与重点行业企业签订土壤污染防治责任书，明确相关措施和责任，责任书向社会公开。（环境保护部负责）

（十七）强化空间布局管控

加强规划区划和建设项目布局论证，根据土壤等环境承载能力，合理确定区域功能定位、空间布局。鼓励工业企业集聚发展，提高土地节约集约利用水平，减少土壤污染。严格执行相关行业企业布局选址要求，禁止在居民区、学校、医疗和养老机构等周边新建有色金属冶炼、焦化等行业企业；结合推进新型城镇化、产业结构调整和化解过剩产能等，有序搬迁或依法关闭对土壤造成严重污染的现有企业。结合区域功能定位和土壤污染防治需要，科学布局生活垃圾处理、危险废物处置、废旧资源再生利用等设施和场所，合理确定畜禽养殖布局和规模。（国家发展改革委牵头，工业和信息化部、国土资源部、环境保护部、住房城乡建设部、水利部、农业部、国家林业局等参与）

六、加强污染源监管，做好土壤污染预防工作

（十八）严控工矿污染

加强日常环境监管。各地要根据工矿企业分布和污染排放情况，确定土壤环境重点监管企业名单，实行动态更新，并向社会公布。列入名单的企业每年要自行对其用地进行土壤环境监测，结果向社会公开。有关环境保护部门要定期对重点监管企业和工业园区周边开展监测，数据及时上传全国土壤环境信息化管理平台，结果作为环境执法和风险预警的重要依据。适时修订国家鼓励的有毒有

害原料（产品）替代品目录。加强电器电子、汽车等工业产品中有害物质控制。有色金属冶炼、石油加工、化工、焦化、电镀、制革等行业企业拆除生产设施设备、构筑物和污染治理设施，要事先制定残留污染物清理和安全处置方案，并报所在地县级环境保护、工业和信息化部门备案；要严格按照有关规定实施安全处理处置，防范拆除活动污染土壤。2017 年底前，发布企业拆除活动污染防治技术规定。（环境保护部、工业和信息化部负责）

严防矿产资源开发污染土壤。自 2017 年起，内蒙古、江西、河南、湖北、湖南、广东、广西、四川、贵州、云南、陕西、甘肃、新疆等省（区）矿产资源开发活动集中的区域，执行重点污染物特别排放限值。全面整治历史遗留尾矿库，完善覆膜、压土、排洪、堤坝加固等隐患治理和闭库措施。有重点监管尾矿库的企业要开展环境风险评估，完善污染治理设施，储备应急物资。加强对矿产资源开发利用活动的辐射安全监管，有关企业每年要对本矿区土壤进行辐射环境监测。（环境保护部、安全监管总局牵头，工业和信息化部、国土资源部参与）

加强涉重金属行业污染防控。严格执行重金属污染物排放标准并落实相关总量控制指标，加大监督检查力度，对整改后仍不达标的企业，依法责令其停业、关闭，并将企业名单向社会公开。继续淘汰涉重金属重点行业落后产能，完善重金属相关行业准入条件，禁止新建落后产能或产能严重过剩行业的建设项目。按计划逐步淘汰普通照明白炽灯。提高铅酸蓄电池等行业落后产能淘汰标准，逐步退出落后产能。制定涉重金属重点工业行业清洁生产技术推行方案，鼓励企业采用先进适用生产工艺和技术。2020 年重点行业的重点重金属排放量要比 2013 年下降 10%。（环境保护部、工业和信息化部牵头，国家发展改革委参与）

加强工业废物处理处置。全面整治尾矿、煤矸石、工业副产石膏、粉煤灰、赤泥、冶炼渣、电石渣、铬渣、砷渣以及脱硫、脱硝、除尘产生固体废物的堆存场所，完善防扬散、防流失、防渗漏等设施，制定整治方案并有序实施。加强工业固体废物综合利用。对电子废物、废轮胎、废塑料等再生利用活动进行清理整顿，引导有关企业采用先进适用加工工艺、集聚发展，集中建设和运营污染治理设施，防止污染土壤和地下水。自2017年起，在京津冀、长三角、珠三角等地区的部分城市开展污水与污泥、废气与废渣协同治理试点。（环境保护部、国家发展改革委牵头，工业和信息化部、国土资源部参与）

（十九）控制农业污染

合理使用化肥农药。鼓励农民增施有机肥，减少化肥使用量。科学施用农药，推行农作物病虫害专业化统防统治和绿色防控，推广高效低毒低残留农药和现代植保机械。加强农药包装废弃物回收处理，自2017年起，在江苏、山东、河南、海南等省份选择部分产粮（油）大县和蔬菜产业重点县开展试点；到2020年，推广到全国30%的产粮（油）大县和所有蔬菜产业重点县。推行农业清洁生产，开展农业废弃物资源化利用试点，形成一批可复制、可推广的农业面源污染防治技术模式。严禁将城镇生活垃圾、污泥、工业废物直接用作肥料。到2020年，全国主要农作物化肥、农药使用量实现零增长，利用率提高到40%以上，测土配方施肥技术推广覆盖率提高到90%以上。（农业部牵头，国家发展改革委、环境保护部、住房城乡建设部、供销合作总社等参与）

加强废弃农膜回收利用。严厉打击违法生产和销售不合格农膜的行为。建立健全废弃农膜回收贮运和综合利用网络，开展废弃农膜回收利用试点；到2020年，河北、辽宁、山东、河南、甘肃、新疆等农膜使用量较高省份力争实现废弃农膜全面回收利用。（农业部牵头，国家发展改革委、工业和信息化部、公安部、工商总局、供销合作总社等参与）

强化畜禽养殖污染防治。严格规范兽药、饲料添加剂的生产和使用，防止过量使用，促进源头减量。加强畜禽粪便综合利用，在部分生猪大县开展种养业有机结合、循环发展试点。鼓励支持畜禽粪便处理利用设施建设，到 2020 年，规模化养殖场、养殖小区配套建设废弃物处理设施比例达到 75%以上。（农业部牵头，国家发展改革委、环境保护部参与）

加强灌溉水水质管理。开展灌溉水水质监测。灌溉用水应符合农田灌溉水水质标准。对因长期使用污水灌溉导致土壤污染严重、威胁农产品质量安全的，要及时调整种植结构。（水利部牵头，农业部参与）

（二十）减少生活污染

建立政府、社区、企业和居民协调机制，通过分类投放收集、综合循环利用，促进垃圾减量化、资源化、无害化。建立村庄保洁制度，推进农村生活垃圾治理，实施农村生活污水治理工程。整治非正规垃圾填埋场。深入实施“以奖促治”政策，扩大农村环境连片整治范围。推进水泥窑协同处置生活垃圾试点。鼓励将处理达标后的污泥用于园林绿化。开展利用建筑垃圾生产建材产品等资源化利用示范。强化废氧化汞电池、镍镉电池、铅酸蓄电池和含汞荧光灯管、温度计等含重金属废物的安全处置。减少过度包装，鼓励使用环境标志产品。（住房城乡建设部牵头，国家发展改革委、工业和信息化部、财政部、环境保护部参与）

七、开展污染治理与修复，改善区域土壤环境质量

（二十一）明确治理与修复主体

按照“谁污染，谁治理”原则，造成土壤污染的单位或个人要承担治理与修复的主体责任。责任主体发生变更的，由变更后继承其债权、债务的单位或个人承担相关责任；土地使用权依法转让的，由土地使用权受让人或双方约定的责任人承担相关责任。责任主体灭失或责任主体不明确的，由所在地县级人民政府依法承担相

关责任（环境保护部牵头，国土资源部、住房城乡建设部参与）。

（二十二）制定治理与修复规划

各省（区、市）要以影响农产品质量和人居环境安全的突出土壤污染问题为重点，制定土壤污染治理与修复规划，明确重点任务、责任单位和分年度实施计划，建立项目库，2017年底前完成规划报环境保护部备案。京津冀、长三角、珠三角地区要率先完成。（环境保护部牵头，国土资源部、住房城乡建设部、农业部等参与）。

（二十三）有序开展治理与修复

确定治理与修复重点。各地要结合城市环境质量提升和发展布局调整，以拟开发建设居住、商业、学校、医疗和养老机构等项目的污染地块为重点，开展治理与修复。在江西、湖北、湖南、广东、广西、四川、贵州、云南等省份污染耕地集中区域优先组织开展治理与修复；其他省份要根据耕地土壤污染程度、环境风险及其影响范围，确定治理与修复的重点区域。到2020年，受污染耕地治理与修复面积达到1 000万亩。（国土资源部、农业部、环境保护部牵头，住房城乡建设部参与）

强化治理与修复工程监管。治理与修复工程原则上在原址进行，并采取必要措施防止污染土壤挖掘、堆存等造成二次污染；需要转运污染土壤的，有关责任单位要将运输时间、方式、线路和污染土壤数量、去向、最终处置措施等，提前向所在地和接收地环境保护部门报告。工程施工期间，责任单位要设立公告牌，公开工程基本情况、环境影响及其防范措施；所在地环境保护部门要对各项环境保护措施落实情况进行检查。工程完工后，责任单位要委托第三方机构对治理与修复效果进行评估，结果向社会公开。实行土壤污染治理与修复终身责任制，2017年底前，出台有关责任追究办法。（环境保护部牵头，国土资源部、住房城乡建设部、农业部参

与）

（二十四）监督目标任务落实

各省级环境保护部门要定期向环境保护部报告土壤污染治理与修复工作进展；环境保护部要会同有关部门进行督导检查。各省（区、市）要委托第三方机构对本行政区域各县（市、区）土壤污染治理与修复成效进行综合评估，结果向社会公开。2017 年底前，出台土壤污染治理与修复成效评估办法。（环境保护部牵头，国土资源部、住房城乡建设部、农业部参与）

八、加大科技研发力度，推动环境保护产业发展

（二十五）加强土壤污染防治研究

整合高等学校、研究机构、企业等科研资源，开展土壤环境基准、土壤环境容量与承载能力、污染物迁移转化规律、污染生态效应、重金属低积累作物和修复植物筛选，以及土壤污染与农产品质量、人体健康关系等方面基础研究。推进土壤污染诊断、风险管控、治理与修复等共性关键技术研究，研发先进适用装备和高效低成本功能材料（药剂），强化卫星遥感技术应用，建设一批土壤污染防治实验室、科研基地。优化整合科技计划（专项、基金等），支持土壤污染防治研究。（科技部牵头，国家发展改革委、教育部、工业和信息化部、国土资源部、环境保护部、住房城乡建设部、农业部、国家卫生计生委、国家林业局、中科院等参与）

（二十六）加大适用技术推广力度

建立健全技术体系。综合土壤污染类型、程度和区域代表性，针对典型受污染农用地、污染地块，分批实施 200 个土壤污染治理与修复技术应用试点项目，2020 年底前完成。根据试点情况，比选形成一批易推广、成本低、效果好的适用技术。（环境保护部、

财政部牵头，科技部、国土资源部、住房城乡建设部、农业部等参与）

加快成果转化应用。完善土壤污染防治科技成果转化机制，建成以环保为主导产业的高新技术产业开发区等一批成果转化平台。2017年底前，发布鼓励发展的土壤污染防治重大技术装备目录。开展国际合作研究与技术交流，引进消化土壤污染风险识别、土壤污染物快速检测、土壤及地下水污染阻隔等风险管控先进技术和管理经验。（科技部牵头，国家发展改革委、教育部、工业和信息化部、国土资源部、环境保护部、住房城乡建设部、农业部、中科院等参与）

（二十七）推动治理与修复产业发展

放开服务性监测市场，鼓励社会机构参与土壤环境监测评估等活动。通过政策推动，加快完善覆盖土壤环境调查、分析测试、风险评估、治理与修复工程设计和施工等环节的成熟产业链，形成若干综合实力雄厚的龙头企业，培育一批充满活力的中小企业。推动有条件的地区建设产业化示范基地。规范土壤污染治理与修复从业单位和人员管理，建立健全监督机制，将技术服务能力弱、运营管理水平低、综合信用差的从业单位名单通过企业信用信息公示系统向社会公开。发挥“互联网+”在土壤污染治理与修复全产业链中的作用，推进大众创业、万众创新。（国家发展改革委牵头，科技部、工业和信息化部、国土资源部、环境保护部、住房城乡建设部、农业部、商务部、工商总局等参与）

九、发挥政府主导作用，构建土壤环境治理体系

（二十八）强化政府主导

完善管理体制。按照“国家统筹、省负总责、市县落实”原则，完善土壤环境管理体制，全面落实土壤污染防治属地责任。探

索建立跨行政区域土壤污染防治联动协作机制。（环境保护部牵头，国家发展改革委、科技部、工业和信息化部、财政部、国土资源部、住房城乡建设部、农业部等参与）

加大财政投入。中央和地方各级财政加大对土壤污染防治工作的支持力度。中央财政整合重金属污染防治专项资金等，设立土壤污染防治专项资金，用于土壤环境调查与监测评估、监督管理、治理与修复等工作。各地应统筹相关财政资金，通过现有政策和资金渠道加大支持，将农业综合开发、高标准农田建设、农田水利建设、耕地保护与质量提升、测土配方施肥等涉农资金，更多用于优先保护类耕地集中的县（市、区）。有条件的省（区、市）可对优先保护类耕地面积增加的县（市、区）予以适当奖励。统筹安排专项建设基金，支持企业对涉重金属落后生产工艺和设备进行技术改造。（财政部牵头，国家发展改革委、工业和信息化部、国土资源部、环境保护部、水利部、农业部等参与）

完善激励政策。各地要采取有效措施，激励相关企业参与土壤污染治理与修复。研究制定扶持有机肥生产、废弃农膜综合利用、农药包装废弃物回收处理等企业的激励政策。在农药、化肥等行业，开展环保领跑者制度试点。（财政部牵头，国家发展改革委、工业和信息化部、国土资源部、环境保护部、住房城乡建设部、农业部、税务总局、供销合作总社等参与）

建设综合防治先行区。2016年底前，在浙江省台州市、湖北省黄石市、湖南省常德市、广东省韶关市、广西壮族自治区河池市和贵州省铜仁市启动土壤污染综合防治先行区建设，重点在土壤污染源头预防、风险管控、治理与修复、监管能力建设等方面进行探索，力争到2020年先行区土壤环境质量得到明显改善。有关地方人民政府要编制先行区建设方案，按程序报环境保护部、财政部备案。京津冀、长三角、珠三角等地区可因地制宜开展先行区建设。（环境保护部、财政部牵头，国家发展改革委、国土资源部、住房城乡建设部、农业部、国家林业局等参与）

(二十九) 发挥市场作用

通过政府和社会资本合作（PPP）模式，发挥财政资金撬动功能，带动更多社会资本参与土壤污染防治。加大政府购买服务力度，推动受污染耕地和以政府为责任主体的污染地块治理与修复。积极发展绿色金融，发挥政策性和开发性金融机构引导作用，为重大土壤污染防治项目提供支持。鼓励符合条件的土壤污染治理与修复企业发行股票。探索通过发行债券推进土壤污染治理与修复，在土壤污染综合防治先行区开展试点。有序开展重点行业企业环境污染强制责任保险试点。(国家发展改革委、环境保护部牵头，财政部、人民银行、银监会、证监会、保监会等参与)

(三十) 加强社会监督

推进信息公开。根据土壤环境质量监测和调查结果，适时发布全国土壤环境状况。各省（区、市）人民政府定期公布本行政区域各地级市（州、盟）土壤环境状况。重点行业企业要依据有关规定，向社会公开其产生的污染物名称、排放方式、排放浓度、排放总量，以及污染防治设施建设和运行情况。(环境保护部牵头，国土资源部、住房城乡建设部、农业部等参与)

引导公众参与。实行有奖举报，鼓励公众通过“12369”环保举报热线、信函、电子邮件、政府网站、微信平台等途径，对乱排废水、废气，乱倒废渣、污泥等污染土壤的环境违法行为进行监督。有条件的地方可根据需要聘请环境保护义务监督员，参与现场环境执法、土壤污染事件调查处理等。鼓励种粮大户、家庭农场、农民合作社以及民间环境保护机构参与土壤污染防治工作。(环境保护部牵头，国土资源部、住房城乡建设部、农业部等参与)

推动公益诉讼。鼓励依法对污染土壤等环境违法行为提起公益诉讼。开展检察机关提起公益诉讼改革试点的地区，检察机关可以以公益诉讼人的身份，对污染土壤等损害社会公共利益的行为提起民事公益诉讼；也可以对负有土壤污染防治职责的行政机关，因违法行使职权或者不作为造成国家和社会公共利益受到侵害的行为提起行政公益诉讼。地方各级人民政府和有关部门应当积极配合司法机关的相关案件办理工作和检察机关的监督工作。（最高人民检察院、最高人民法院牵头，国土资源部、环境保护部、住房城乡建设部、水利部、农业部、国家林业局等参与）

（三十一）开展宣传教育

制定土壤环境保护宣传教育工作方案。制作挂图、视频，出版科普读物，利用互联网、数字化放映平台等手段，结合世界地球日、世界环境日、世界土壤日、世界粮食日、全国土地日等主题宣传活动，普及土壤污染防治相关知识，加强法律法规政策宣传解读，营造保护土壤环境的良好社会氛围，推动形成绿色发展方式和生活方式。把土壤环境保护宣传教育融入党政机关、学校、工厂、社区、农村等的环境宣传和培训工作。鼓励支持有条件的高等学校开设土壤环境专门课程。（环境保护部牵头，中央宣传部、教育部、国土资源部、住房城乡建设部、农业部、新闻出版广电总局、国家网信办、国家粮食局、中国科协等参与）

十、加强目标考核，严格责任追究

（三十二）明确地方政府主体责任

地方各级人民政府是实施本行动计划的主体，要于 2016 年底前分别制定并公布土壤污染防治工作方案，确定重点任务和工作目标。要加强组织领导，完善政策措施，加大资金投入，创新投融资模式，强化监督管理，抓好工作落实。各省（区、市）工作方案报国务院备案。（环境保护部牵头，国家发展改革委、财政部、国土资源部、住房城乡建设部、农业部等参与）

（三十三）加强部门协调联动

建立全国土壤污染防治工作协调机制，定期研究解决重大问题。各有关部门要按照职责分工，协同做好土壤污染防治工作。环境保护部要抓好统筹协调，加强督促检查，每年2月底前将上年度工作进展情况向国务院报告。（环境保护部牵头，国家发展改革委、科技部、工业和信息化部、财政部、国土资源部、住房城乡建设部、水利部、农业部、国家林业局等参与）

（三十四）落实企业责任

有关企业要加强内部管理，将土壤污染防治纳入环境风险防控体系，严格依法依规建设和运营污染治理设施，确保重点污染物稳定达标排放。造成土壤污染的，应承担损害评估、治理与修复的法律责任。逐步建立土壤污染治理与修复企业行业自律机制。国有企业特别是中央企业要带头落实。（环境保护部牵头，工业和信息化部、国务院国资委等参与）

（三十五）严格评估考核

实行目标责任制。2016年底前，国务院与各省（区、市）人民政府签订土壤污染防治目标责任书，分解落实目标任务。分年度对各省（区、市）重点工作进展情况进行评估，2020年对本行动计划实施情况进行考核，评估和考核结果作为对领导班子和领导干部综合考核评价、自然资源资产离任审计的重要依据。（环境保护部牵头，中央组织部、审计署参与）

评估和考核结果作为土壤污染防治专项资金分配的重要参考依据。（财政部牵头，环境保护部参与）

对年度评估结果较差或未通过考核的省（区、市），要提出限期整改意见，整改完成前，对有关地区实施建设项目环评限批；整改不到位的，要约谈有关省级人民政府及其相关部门负责人。对土壤环境问题突出、区域土壤环境质量明显下降、防治工作不力、群众反映强烈的地区，要约谈有关地市级人民政府和省级人民政府相关部门主要负责人。对失职渎职、弄虚作假的，区分情节轻重，予以诫勉、责令公开道歉、组织处理或党纪政纪处分；对构成犯罪的，要依法追究刑事责任，已经调离、提拔或者退休的，也要终身追究责任。（环境保护部牵头，中央组织部、监察部参与）

我国正处于全面建成小康社会决胜阶段，提高环境质量是人民群众的热切期盼，土壤污染防治任务艰巨。各地区、各有关部门要认清形势，坚定信心，狠抓落实，切实加强污染治理和生态保护，如期实现全国土壤污染防治目标，确保生态环境质量得到改善、各类自然生态系统安全稳定，为建设美丽中国、实现“两个一百年”奋斗目标和中华民族伟大复兴的中国梦作出贡献。

附录二 《山东省土壤污染防治条例》

第一章 总 则

第一条 为了保护和改善生态环境，防治土壤污染，推动土壤资源永续利用，保障公众健康，推进生态文明建设，促进经济社会可持续发展，根据《中华人民共和国土壤污染防治法》等法律、行政法规，结合本省实际，制定本条例。

第二条 本条例适用于本省行政区域的土壤污染防治以及相关活动。

第三条 土壤污染防治应当以保护和改善土壤环境为目标，坚持预防为主、保护优先、分类管理、风险管控、污染担责、公众参与的原则。

第四条 任何组织和个人都有保护土壤、防止土壤污染的义务。

从事土地开发利用活动或者生产经营活动的单位和个人，应当采取有效措施，防止、减少土壤污染，对所造成的土壤污染依法承担责任。

第五条 各级人民政府对本行政区域的土壤污染防治和安全利用负责。

县级以上人民政府应当加强对土壤污染防治工作的领导，将土壤污染防治工作纳入国民经济和社会发展规划、生态环境保护规划，制定落实有利于土壤污染防治的经济、技术等政策措施，建立多元化资金投入和保障机制，统筹解决土壤污染防治工作中的重大问题，保护和改善土壤环境。

第六条 设区的市以上人民政府生态环境主管部门对本行政区域的土壤污染防治工作实施统一监督管理。

县级以上人民政府农业农村、自然资源、住房城乡建设、水利、林业等部门，在各自职责范围内对土壤污染防治工作实施监督管理。

乡镇人民政府、街道办事处应当配合做好辖区内土壤生态保护、农业投入品及其废弃物的监督管理等土壤污染防治相关工作。

第七条 省人民政府生态环境主管部门应当会同农业农村、自然资源、住房城乡建设等部门建立土壤环境数据库，实行数据整合、动态更新与信息共享。

第八条 各级人民政府及其有关部门、基层群众性自治组织和新闻媒体应当加强土壤保护和土壤污染防治的宣传教育，普及相关科学知识，提高全社会的土壤污染防治意识，引导公众依法参与土壤污染防治工作。

第九条 任何组织和个人都有权对污染土壤环境的行为进行举报。接到举报的生态环境主管部门和其他负有土壤污染防治监督管理职责的部门应当及时处理，并对举报人的相关信息予以保密，处理结果向举报人反馈；经查证属实的，按照规定给予奖励。

第二章　规划、标准、详查和监测

第十条 设区的市以上人民政府生态环境主管部门应当会同发展改革、农业农村、自然资源、住房城乡建设、林业等部门，根据生态环境保护规划要求、土地用途、土壤污染状况普查和监测结果等，编制土壤污染防治规划，报本级人民政府批准后公布实施。

土壤污染防治规划应当明确土壤环境质量改善目标以及指标要求、污染防控和生态保护措施、风险管控和修复项目以及资金和技术支持、完成时限等内容。

第十一条 县（市、区）人民政府和化工园区、涉重金属排放的产业园区，应当根据土壤污染防治规划制定实施方案。

县级以上人民政府及其有关部门编制各类涉及土地利用的规划时，应当包含土壤污染防治的内容。

第十二条 省人民政府可以根据本省经济技术发展水平、土壤环境质量安全的需要，制定土壤污染风险管控标准，逐步完善土壤污染状况监测、土壤环境质量状况调查、土壤污染防治和修复等技术规范。

国家对土壤污染风险管控标准已作规定的，省人民政府可以制定严于国家规定的土壤污染风险管控标准。

对土壤污染严重的区域和饮用水水源保护区、自然保护区等需要特别保护的区域，可以制定污染物特别排放限值。

第十三条 制定土壤污染风险管控标准和技术规范，应当组织专家进行审查和论证，并征求有关部门、行业协会、企业事业单位和公众等方面的意见。

土壤污染风险管控标准、技术规范执行情况应当向社会公布、定期评估，并根据评估结果适时修订。

第十四条 设区的市以上人民政府可以在土壤污染状况普查基础上组织开展土壤污染状况详查，查明土壤污染区域、地块分布、面积、主要污染物和对环境以及农产品质量的影响。

农用地土壤污染状况详查由农业农村、林业部门会同生态环境、自然资源等部门组织开展。

重点行业企业用地土壤污染状况详查由生态环境主管部门会同自然资源、住房城乡建设等部门组织开展。

第十五条 省人民政府生态环境主管部门应当会同农业农村、自然资源、住房城乡建设、水利、卫生健康等部门，根据土壤污染防治工作的需要规划设置全省土壤环境监测站（点）。

县级以上人民政府农业农村、林业部门应当会同生态环境、自然资源等部门对国家规定的农用地地块进行重点监测。

设区的市以上人民政府生态环境主管部门应当会同自然资源等部门对国家规定的建设用地地块进行重点监测。

第三章　预防和保护

第十六条　县级以上人民政府应当加强区域功能、发展规划和建设项目布局论证，根据土壤环境质量状况以及环境承载能力，合理确定区域功能定位和产业布局。

第十七条　编制下列涉及土地利用的规划时，应当依法进行环境影响评价，明确对土壤以及地下水可能造成的不良影响和相应的预防措施：

（一）国土空间规划；

（二）区域、流域、海域的建设、开发利用的规划；

（三）工业、农业、畜牧业、林业、能源、水利、交通、城市建设、旅游、自然资源开发的有关专项规划；

（四）国家和省确定的其他规划。

第十八条　新建、改建、扩建可能造成土壤污染的建设项目，应当依法进行环境影响评价，明确对土壤以及地下水可能造成的不良影响和相应的预防措施。

居民区、幼儿园、学校、医疗机构、养老机构和饮用水水源地等公共建设项目选址时，应当重点调查、分析项目所在地以及周边土壤对项目的环境影响。

第十九条　设区的市以上人民政府生态环境主管部门应当按照国务院生态环境主管部门的规定，根据有毒有害物质排放等情况，制定土壤污染重点监管单位名录，向社会公开并适时更新。

有色金属矿采选、有色金属冶炼、石油开采加工、化工、医药、焦化、制革、电镀、危险废物经营、固体废物填埋等行业中纳入排污许可重点管理的企业事业单位，应当列入土壤污染重点监管单位名录。

第二十条 土壤污染重点监管单位应当建立有毒有害污染物管理制度和土壤污染隐患排查制度，严格控制有毒有害物质排放，按照监测规范对其用地土壤、地下水环境每年至少开展一次监测。排放情况、监测结果按照规定报所在地设区的市人民政府生态环境主管部门。

土壤污染重点监管单位可以自行监测，也可以委托第三方机构实施监测，并对监测数据的真实性、完整性、准确性负责。生态环境主管部门发现监测数据异常的，应当及时进行调查处理。

设区的市以上人民政府生态环境主管部门应当定期对土壤污染重点监管单位周边土壤进行监测。

第二十一条 企业事业单位拆除设施、设备或者建筑物、构筑物，可能造成二次污染的，应当采取相应的防渗漏、污染物收集等防治措施。

土壤污染重点监管单位拆除设施、设备或者建筑物、构筑物的，应当制定、实施土壤污染防治工作方案，并在拆除活动十五个工作日前报所在地人民政府生态环境、工业和信息化部门备案。

土壤污染防治工作方案应当包括被拆除设施、设备或者建筑物、构筑物的基本情况，残留污染物清理、安全处置以及应急措施，土壤污染防治技术要求和对周边环境的污染防治要求等内容。

第二十二条 矿山企业在开采、选矿、运输、仓储等矿产资源开发活动中应当采取防护措施，防止废气、废水、尾矿、矸石等污染土壤环境。

矿山企业应当加强对废物贮存设施和废弃矿场的管理，采取防渗漏、封场、闭库、生态修复等措施，防止污染土壤环境。

第二十三条 尾矿库运营、管理单位应当加强尾矿库的安全管理，采取防渗、覆膜、压土、排洪、堤坝加固、建设地下水水质监测井等措施防止土壤污染。

危库、险库、病库以及其他需要重点监管的尾矿库的运营、管理单位，应当按照规定进行土壤污染状况监测和定期评估。

第二十四条 尾矿库污染防治和安全运营主体责任由运营、管理单位承担；无运营、管理单位的，由所在地县级以上人民政府承担主体责任。

设区的市人民政府生态环境主管部门应当加强对尾矿库土壤污染防治情况的监督检查，发现风险隐患的，及时督促尾矿库运营、管理单位采取相应防治措施。

县级以上人民政府应急管理部门应当加强对尾矿库安全运营的监督管理，防止发生生产安全事故污染土壤。

第二十五条 产生、运输、贮存、处置污泥的单位和个人，应当按照国家和省相关处理处置标准以及技术规范对污泥进行资源化利用和无害化处理。

县级以上人民政府住房城乡建设、生态环境、城市管理等部门应当依据各自职责，加强对污水处理厂（站）污泥处理处置设施建设、运营和污泥转运的监督管理，防止污染土壤。

第二十六条 县级以上人民政府农业农村、林业等部门和乡镇人民政府、街道办事处，应当积极推广测土配方施肥和低毒低残留农药、兽药的使用，严格控制化肥、农药、兽药使用量。

在土壤污染严重的区域和其他需要重点保护的区域内，禁止使用剧毒、高毒、高残留农药，限制使用其他农药和化肥。

第二十七条 鼓励农业生产者使用有机肥料、微生物肥料、低毒低残留农药和生物可降解农用薄膜等农业投入品，推广使用生物防治、物理防治等病虫害绿色防控技术。

对前款规定的农业投入品以及防控技术，县级以上人民政府可以选定实施补贴的种类，并制定具体补贴办法和补贴标准。

第二十八条 禁止生产、销售、使用不符合国家强制标准的农业投入品包装物和农用薄膜。

农业投入品生产者、销售者、使用者应当及时回收农药、兽药、肥料等农业投入品的包装废弃物和农用薄膜，并将农药包装废弃物交由专门机构或者组织进行无害化处理。

农用薄膜使用者在农用薄膜使用后应当及时收集，不得随意弃置、掩埋或者焚烧；对无利用价值的，由使用者负责收集整理，清运至当地生活垃圾回收点或者废旧农用薄膜回收站点。

第二十九条 县级以上人民政府应当制定扶持、补助措施，建立农业投入品包装废弃物和农用薄膜回收利用体系，鼓励、支持单位和个人回收农业投入品包装废弃物和农用薄膜。

县级以上人民政府农业农村部门应当推广农用薄膜减量技术，开展农用薄膜污染防治宣传和技术培训，指导农业生产者合理使用农用薄膜，推动农用薄膜使用减量化。

第三十条 石油勘探开发单位应当对钻井、采油、集输等环节实施全过程管理，采取防渗漏、防扬散、防流失等措施，防止原油、化学药剂以及其他有害物质落地，并对废弃钻井液、废水、岩屑、污油、油泥等及时进行安全处理。

第三十一条 输油管、储油罐、加油站的设计、建设和使用应当符合防腐蚀、防渗漏、防挥发等要求，设施的所有者或者运营者应当对设施进行定期维护和腐蚀、泄漏检测，防止污染土壤和地下水。

第三十二条 产生危险废物的单位，必须按照国家有关规定和环境保护标准要求贮存、利用、处置危险废物，不得擅自倾倒、堆放、填埋，防止污染土壤和地下水。

第四章 风险管控和修复

第一节 一般规定

第三十三条 实施土壤污染风险管控、修复活动，应当因地制宜、科学合理，制定便于操作、安全有效的方案，明确管控要求、防治措施、修复目标，并不得对土壤、地下水和周边环境造成新的污染。

第三十四条 土壤污染责任人、土地使用权人在实施风险管控、修复活动前，应当按照规定要求采取移除污染源、防止污染扩散、实施安全隔离等措施。

修复施工期间，应当设立公告牌，公开主要污染物、污染程度、施工时间、修复目标等相关情况和环境保护措施。

第三十五条 从事土壤污染状况调查和土壤污染风险评估、风险管控、修复、风险管控效果评估、修复效果评估、后期管理等活动的单位，应当具备相应专业能力，并对相关报告的真实性、准确性、完整性负责。

土壤污染责任人或者土地使用权人可以委托具备相应专业能力的单位开展风险管控和修复活动，但不得委托同一单位从事土壤污染状况调查和风险评估、风险管控和修复、风险管控和修复效果评估等活动。

第三十六条 修复工程应当在原址进行。确需异地转运、处置污染土壤的，土壤污染责任人或者土地使用权人以及修复施工单位应当建立管理台账，制订转运计划，并在转运前将运输时间、方式、线路和污染土壤数量、去向、最终处置措施等向所在地和接收地生态环境主管部门报告。

转运的污染土壤属于危险废物的，应当依照相关法律法规和标准的要求进行处置。

第三十七条 发生突发事件造成或者可能造成土壤污染的，县级以上人民政府及其有关部门和相关生产经营者应当迅速控制危险源、封锁危险场所，立即疏散、撤离并妥善安置有关人员，防止污染扩大或者发生次生、衍生事件，并做好土壤污染状况监测、调查和土壤污染风险评估、风险管控、修复等工作。

第三十八条 土壤污染责任人负有实施土壤污染风险管控和修复的义务，并承担因实施或者组织实施土壤污染状况调查和土壤污染风险评估、风险管控、修复、风险管控效果评估、修复效果评估、后期管理等活动所支出的费用。但是，生态环境、农业农村等部门依法组织实施的调查、评审等费用除外。

土壤污染责任人变更的，由变更后承继其债权、债务的单位或者个人履行相关土壤污染风险管控和修复义务并承担相关费用。

第三十九条 土壤污染责任人不明确或者存在争议的，由所在地人民政府生态环境、农业农村等部门依据国家相关规定组织认定。属于农用地的，由农业农村、林业部门会同生态环境、自然资源等部门认定；属于建设用地的，由生态环境主管部门会同自然资源部门认定。

土壤污染责任人无法认定的，土地使用权人应当实施土壤污染风险管控和修复。

第二节 农用地

第四十条 县级以上人民政府农业农村、林业部门应当会同生态环境、自然资源部门，根据土壤污染状况普查、详查、监测和现场检查等情况，组织对有土壤污染风险的农用地地块进行调查。

经调查表明污染物含量超过土壤污染风险管控标准的，应当组织开展土壤污染风险评估。

第四十一条 省人民政府农业农村、自然资源部门应当会同生态环境部门根据调查和风险评估结果，按照土壤污染程度、农产品质量情况和相关标准划分农用地的风险管控类别，报省人民政府审定。

农用地风险管控类别按照下列规定确定：

（一）未污染和轻微污染的农用地划为优先保护类；

（二）轻度和中度污染的农用地划为安全利用类；

（三）重度污染的农用地划为严格管控类。

第四十二条 县级以上人民政府应当依法将符合条件的优先保护类耕地划为永久基本农田，实行严格保护，确保其面积不减少、土壤环境质量不下降。

永久基本农田集中区域不得新建可能造成土壤污染的建设项

目；已经建成的，由所在地县级以上人民政府责令限期关闭拆除。

第四十三条 对安全利用类农用地地块，县级以上人民政府农业农村、林业部门应当结合主要作物品种、水资源条件和种植习惯等情况，会同生态环境等部门制定并实施安全利用方案。

安全利用方案应当包括下列风险管控措施：

（一）农艺调控、替代种植；

（二）加强土壤环境质量和农产品质量监测与评价；

（三）调整优化相关农业投入品的使用；

（四）阻断或者减少相关污染物和其他有毒有害物质；

（五）加强对农业生产者的技术指导和培训；

（六）其他风险管控措施。

第四十四条 对严格管控类农用地地块，县级以上人民政府农业农村、林业部门应当会同生态环境、自然资源等部门采取下列风险管控措施：

（一）提出划定特定农产品禁止生产区域的建议，报本级人民政府批准后实施；

（二）按照规定开展土壤和农产品协同监测与评价；

（三）禁止或者限制相关农药、化肥等农业投入品的使用；

（四）阻断相关污染物和其他有毒有害物质进入地块；

（五）调整种植结构或者实行退耕还林、退耕还草、退耕还湿、轮作休耕、轮牧休牧；

（六）对农业生产经营者进行技术指导和培训；

（七）其他风险管控措施。

实施前款第三项、第五项规定的风险管控措施的，应当给予相应的政策支持。

第四十五条 安全利用类和严格管控类农用地地块的土壤污染影响或者可能影响地下水、饮用水水源安全的，生态环境主管部门应当会同农业农村、自然资源、水利、林业等部门制定污染防治方案，并采取水质监测、径流控制、污染治理等措施。

第四十六条 对安全利用类和严格管控类农用地地块，土壤污染责任人应当按照国家和省有关规定以及土壤污染风险评估报告的要求，采取相应的风险管控措施，并定期向所在地县（市、区）人民政府农业农村、林业部门报告。

第四十七条 未利用地、复垦土地等拟开垦为耕地的，由县级以上人民政府农业农村部门会同生态环境、自然资源部门进行土壤污染状况调查，依法进行分类管理。

第四十八条 对产出的农产品污染物含量超标，需要实施修复的农用地地块，土壤污染责任人应当编制修复方案，报所在地县（市、区）人民政府农业农村、林业部门备案并实施。修复方案应当包括修复范围、指标要求、修复方式、施工方案和地下水污染防治等内容。

修复活动应当优先采取不影响农业生产、不降低土壤生产功能的生物修复措施，阻断或者减少污染物进入农作物食用部分，确保农产品质量安全。

第四十九条 农用地风险管控、修复活动完成后，土壤污染责任人应当另行委托有关单位对风险管控效果、修复效果进行评估，编制效果评估报告，报所在地县（市、区）人民政府农业农村、林业部门备案。

第三节　建设用地

第五十条 建设用地有下列情形之一的，土地使用权人应当按照规定组织土壤污染状况调查并形成调查报告：

（一）用途拟变更为住宅、公共管理与公共服务用地的；

（二）土壤污染状况普查、详查、监测和现场检查中表明有土壤污染风险的。

前款规定的土壤污染状况调查报告应当报设区的市人民政府生态环境主管部门，由设区的市人民政府生态环境主管部门会同自然资源部门组织评审。

第五十一条 土壤污染重点监管单位拟变更生产经营用地的用途或者其土地使用权拟收回、转让的，土地使用权人应当按照规定进行土壤污染状况调查并形成调查报告。土壤污染状况调查报告应当作为不动产登记资料送交所在地人民政府不动产登记机构，报设区的市人民政府生态环境主管部门备案并按照规定会同自然资源部门组织评审。

第五十二条 对土壤污染状况调查报告评审表明污染物含量超过土壤污染风险管控标准的建设用地地块，土壤污染责任人、土地使用权人应当按照国家规定进行土壤污染风险评估，并将土壤污染风险评估报告报省人民政府生态环境主管部门。

省人民政府生态环境主管部门应当会同自然资源部门对土壤污染风险评估报告进行评审。

第五十三条 经评审后需要实施风险管控、修复的建设用地地块，应当纳入建设用地土壤污染风险管控和修复名录。建设用地土壤污染风险管控和修复名录由省人民政府生态环境主管部门会同自然资源部门制定，定期向国务院生态环境主管部门报告，并按照规定向社会公开。

列入建设用地土壤污染风险管控和修复名录的地块，不得作为住宅、公共管理与公共服务用地。

第五十四条 对建设用地土壤污染风险管控和修复名录中的地块，土壤污染责任人应当按照国家和省有关规定以及土壤污染风险评估报告的要求，制定风险管控方案，报设区的市人民政府生态环境主管部门备案并组织实施。

风险管控方案应当包括区域范围、管控要求、主要措施、监测计划、应急措施以及地下水污染防治等内容。

第五十五条 对建设用地土壤污染风险管控和修复名录中需要实施修复的地块，土壤污染责任人应当结合国土空间规划编制修复方案，报设区的市人民政府生态环境主管部门备案并组织实施。

修复方案应当包括修复范围、指标要求、修复方式、施工方案和地下水污染防治等内容。

第五十六条 建设用地风险管控、修复活动完成后，土壤污染责任人应当另行委托有关单位对风险管控效果、修复效果进行评估，编制效果评估报告，报设区的市人民政府生态环境主管部门备案。

第五十七条 经效果评估达到土壤污染风险评估报告确定的风险管控、修复目标的建设用地地块，土壤污染责任人、土地使用权人可以向省人民政府生态环境主管部门提出移出建设用地土壤污染风险管控和修复名录的申请。

省人民政府生态环境主管部门收到申请后十五个工作日内，应当会同自然资源部门组织专家对风险管控效果评估报告、修复效果评估报告进行评审。

第五十八条 经评审后达到确定的风险管控、修复目标且可以安全利用的地块，应当及时移出建设用地土壤污染风险管控和修复名录。

未达到风险管控、修复目标的地块，禁止开工建设任何与风险管控、修复无关的项目。

第五十九条 省人民政府生态环境主管部门应当会同自然资源部门建立评审专家库。参加土壤污染状况调查报告、风险评估报告、风险管控效果评估报告和修复效果评估报告评审的专家应当从专家库中随机抽取。

参加评审的专家应当对评审结论负责。评审专家对评审结论持不同意见的，可以注明。

第五章 保障和监督

第六十条 县级以上人民政府应当建立健全土壤污染防治机制，推行绿色低碳发展，制定落实有利于土壤污染防治的财政、税收、价格、金融等经济政策和措施。

鼓励、支持金融机构加大对土壤污染风险管控和修复项目的信贷投放力度。

鼓励、支持社会资本参与土壤污染防治。

第六十一条 本省设立土壤污染防治基金，主要用于下列领域的土壤污染防治：

（一）农用地土壤污染防治；

（二）土壤污染责任人或者土地使用权人无法认定的土壤污染风险管控和修复；

（三）省人民政府规定的其他污染防治事项。

依照前款第二项规定实施风险管控和修复后，能够确定土地污染责任人或者土地使用权人的，县级以上人民政府应当向其追偿，并将追偿所得纳入土壤污染防治基金。

第六十二条 县级以上人民政府应当建立完善土壤污染防治专业技术人才培养机制，加强土壤污染防治技术研究、开发利用和专业人员培训。

鼓励、支持采用绿色、生态技术实施土壤污染防控与修复。

第六十三条 生态环境主管部门及其环境执法机构和其他负有土壤污染防治监督管理职责的部门，应当加强对土壤污染违法行为的监督检查。现场检查时，执法人员可以采取勘察、询问、现场监测、取样、查阅和复制有关资料等措施。

被检查者应当配合检查，如实反映情况，提供必要的资料，不得拒绝、阻挠检查。

第六十四条 有下列情形之一，造成或者可能造成严重土壤污染的，或者有关证据可能灭失或者被隐匿的，生态环境主管部门和其他负有土壤污染防治监督管理职责的部门可以依法查封、扣押有关设施、设备、物品：

（一）违法排放、倾倒、处置有毒有害物质的；

（二）通过暗管、渗井、渗坑、灌注等方式向土壤排放污染物的；

（三）发生较大、重大、特别重大突发环境事件，未按照要求实施停产、停排、限产等措施，继续排放污染物的；

（四）法律、法规规定的其他严重污染违法行为。

第六十五条 省人民政府应当对有关部门和设区的市人民政府的环境保护职责履行情况、土壤环境质量改善情况和突出土壤污染问题整治情况等进行督察。督察结果应当向社会公开。

第六十六条 有下列情形之一的，县级以上人民政府以及有关部门负责人应当按照规定约谈下一级人民政府以及有关部门主要负责人，要求其采取措施限期整改：

（一）土壤环境质量恶化的；

（二）防治工作不力，未完成土壤环境质量改善目标的；

（三）土壤污染问题突出，公众反映强烈的；

（四）其他依法应当约谈的情形。

约谈以及整改情况应当向社会公开。

第六十七条 对重大土壤环境违法案件、突出土壤环境问题查处不力或者公众反映强烈的，省、设区的市生态环境主管部门和其他负有土壤污染防治监督管理职责的部门应当挂牌督办，责成所在地人民政府或者有关部门限期查处、整改。

挂牌督办情况应当向社会公开。

第六十八条 县级以上人民政府应当每年向本级人民代表大会或者人民代表大会常务委员会报告土壤污染防治情况，并将发生的重大土壤污染事件以及处置情况及时向本级人民代表大会常务委员会报告，依法接受监督。

土壤污染防治情况纳入环境状况和环境保护目标完成情况年度报告。

第六十九条 县级以上人民政府应当建立健全土壤污染防治目标责任制和考核评价制度，将土壤污染防治目标完成情况作为考核评价各级人民政府及其负责人、负有土壤污染防治监督管理职责的部门及其负责人的内容。评价结果作为综合考核评价、自然资源资产离任审计的重要依据，并向社会公开。

第七十条 设区的市以上人民政府生态环境主管部门和其他负有土壤污染防治监督管理职责的部门，应当将土壤污染责任人、土地使用权人以及接受委托从事土壤污染防治的第三方机构、评审评估专家的环境违法信息录入全省环境信用评价信息管理系统。省人民政府生态环境主管部门应当将环境违法信息以及环境信用评价结果纳入社会诚信档案。

第七十一条 造成土壤以及地下水污染的单位和个人，应当承担生态环境修复责任，并对受到污染损害的单位和个人依法予以赔偿；拒不修复或者生态环境不能修复的，省人民政府、设区的市人民政府依法追究生态环境损害赔偿责任。

对污染土壤和地下水，破坏生态环境，损害社会公共利益的行为，有关机关或者符合条件的组织可以依法提起环境公益诉讼。

第六章 法律责任

第七十二条 各级人民政府、生态环境主管部门和其他负有土壤污染防治监督管理职责的部门，有下列行为之一的，对直接负责的主管人员和其他直接责任人员依法给予处分：

（一）未按照规定开展土壤污染普查、详查、调查的；

（二）未按照规定开展土壤污染监测和监督检查的；

（三）未按照规定制定、更新土壤污染重点监管单位名录的；

（四）未按照规定开展土壤污染风险管控和修复工作的；

（五）在对相关评估报告评审中弄虚作假的；

（六）其他滥用职权、玩忽职守、徇私舞弊的行为。

第七十三条 违反本条例规定，有下列行为之一的，由生态环境主管部门或者其他负有土壤污染防治监督管理职责的部门责令改正，处以罚款；拒不改正的，责令停产整治：

（一）土壤污染重点监管单位未按照规定和监测规范进行监

测的；

（二）矿山企业在开采、选矿、运输、仓储等矿产资源开发活动中未按照规定采取措施防止土壤污染的；

（三）尾矿库运营、管理单位未按照规定采取措施防止土壤污染的；

（四）石油勘探开发单位未对钻井、采油、集输等环节实施全过程管理，或者未按照规定采取措施防止土壤污染的；

（五）输油管、储油罐、加油站的所有者或者运营者未按照规定采取措施防止土壤污染的。

有前款规定行为之一的，处二万元以上二十万元以下的罚款；有前款第二项、第三项、第四项、第五项规定行为之一，造成严重后果的，处二十万元以上二百万元以下的罚款。

第七十四条 违反本条例规定，在土壤污染严重的区域和其他需要重点保护的区域内使用剧毒、高毒、高残留农药的，由县级以上人民政府农业农村部门责令改正，对单位处五万元以上十万元以下的罚款，对个人处二千元以上一万元以下的罚款。

第七十五条 违反本条例规定，农用薄膜使用者随意弃置、掩埋或者焚烧废旧农用薄膜的，由县级以上人民政府农业农村部门责令改正，处一万元以上十万元以下的罚款；农用薄膜使用者为个人的，可以处二百元以上二千元以下的罚款。

第七十六条 违反本条例规定，土壤污染责任人或者土地使用权人委托同一单位从事土壤污染状况调查和风险评估、风险管控和修复、风险管控和修复效果评估等活动的，由生态环境主管部门或者其他负有土壤污染防治监督管理职责的部门责令改正，处二万元以上二十万元以下的罚款；拒不改正的，处二十万元以上一百万元以下的罚款，并依法另行委托有关单位对风险管控效果、修复效果进行评估，所需费用由土壤污染责任人或者土地使用权人承担；对直接负责的主管人员和其他直接责任人员处五千元以上二万元以下的罚款。

第七十七条 违反本条例规定，构成违反治安管理行为的，由公安机关依法给予治安管理处罚；构成犯罪的，依法追究刑事责任。

第七章 附 则

第七十八条 本条例自2020年1月1日起施行。